生活因阅读而精彩

生活因阅读而精彩

不曾 爱过，怎会懂得

为爱带来奇迹的12堂启示课

叶天心/著

中国华侨出版社

图书在版编目(CIP)数据

不曾爱过,怎会懂得:为爱带来奇迹的 12 堂启示课 / 叶天心 著.
—北京:中国华侨出版社,2014.5

ISBN 978-7-5113-4604-9

Ⅰ.①不… Ⅱ.①叶… Ⅲ.①个人–修养–通俗读物
Ⅳ.①B825–49

中国版本图书馆 CIP 数据核字(2014)第094774号

不曾爱过,怎会懂得:为爱带来奇迹的 12 堂启示课

著　　者 /	叶天心
责任编辑 /	文　筝
责任校对 /	王　萍
经　　销 /	新华书店
开　　本 /	787 毫米×1092 毫米　1/16　印张/18　字数/234 千字
印　　刷 /	北京军迪印刷有限责任公司
版　　次 /	2014 年 6 月第 1 版　2020 年 5 月第 2 次印刷
书　　号 /	ISBN 978-7-5113-4604-9
定　　价 /	48.00 元

中国华侨出版社　北京市朝阳区静安里 26 号通成达大厦 3 层　邮编:100028

法律顾问:陈鹰律师事务所

编辑部:(010)64443056　　64443979

发行部:(010)64443051　　传真:(010)64439708

网址:www.oveaschin.com

E-mail:oveaschin@sina.com

或相爱如命，或放爱远行

在黑夜里，品一杯名为爱情的茶。茶有百味，你说你喝到了甜蜜，她说她尝到了断肠。纵然翰墨丹青，也描述不出爱情的全部。我们的心在童话中保留纯净，爱得豁达，九曲柔肠。但那现实的手却操纵着看不见的线，割裂了信仰，让人不得不爱得艰难，爱得忍让。

相爱，为的是相聚，为的是不再别离。在爱情的渴望里，纠结着期待与失望，那些过客来去匆匆，哪一个才是属于自己的缘分？深陷爱情撒下的天罗地网，它作壁上观，我们盲目迷乱。无法逃脱的是我的痛苦、你的忧伤；最想得到的是爱的甘醇与蜜糖。

如果爱情来临，那就请爱它如命；如果爱情离去，请放它远行。

爱的另一面是责任，它的别称是婚姻。如果爱情是心的感受，遵从着心灵法则，那么婚姻就是现实关系的缔结，是将心灵根植于现实的桥梁。

有人说，婚姻就像储蓄，你有多少爱，就有多少存款。如果婚姻里只有消耗，那么婚姻就会枯竭破产。因此，要像精明的理财家一样，源源不断地投资积存，才能保证婚姻的银行永不倒闭。而肆意的破坏和践踏、偏执的扭曲和疯狂的占有，将成为婚姻终结的感叹号。只有学会修行的睿智女人才不会自伤。

如同在忘川点燃一根记忆的烟，看那些爱过的、恨过的、伤过的、哭过的消失远去。不要自我欺骗地站在原地，失去了微笑的掩饰，眼泪也一样无法挽回。那时候，你会明白，爱情与婚姻的不完美，也是书写你一生的自传中，不可或缺的一部分。

目录
C O N T E N T S

Chapter 03　　爱情是猜不透的谜，学会善待与珍惜

Chapter 04　　爱的宽容与极端、盛放与凋零

Chapter 12　　我将与你为侣，共度人世沧桑

CHAPTER

♥ 01

爱情是坐观者，得失期待谁呢

回首望去，爱情如同坐观者，演员已各奔东西，它却还站在原地。因此有太多的爱情需要去争取，需要去放弃，否则结局还能期待谁呢？

邂逅过后，
不再相识

　　邂逅是美丽的，尤其在山清水秀间偶然相遇，更容易让人觉得一切安排都有天意。

　　朋友小敏到现在还念念不忘那次美丽的邂逅，一提起来就满脸温柔的笑。她时不时地告诉我们，今天在哪里碰到一个人，真的好像是他；今天在哪里突然有再次遇见他的预感，但终究没有碰到。

　　小敏念念不忘的他是那年去桂林旅游的时候碰上的。那时候她刚毕业两年，攒了点钱独自去桂林玩。在沿漓江而下去阳朔的船上，小敏认识了他。年龄相仿，都独自一人，又都特别喜欢自然山水，两个人自然而然地聊了起来。用小敏的话说，就是看到他的第一眼，就觉得心里怦的一下，像被什么撞开了一样。

　　这也许就是一见钟情吧。小敏无限怀恋那美好的感觉，每次都那么深情地说。她跟他一起拍了很多漂亮风景的照片，跟他讨论哪个角度看到的景色最美。在阳朔，他们入住了同一家旅店，晚上还一起逛街。在西街喧扰的人群里，他们坐在街边喝啤酒，小敏却觉得整个世界都那么宁静祥和，天地间好像就只有他们两个人在。他们聊各自的旅行经历，交换旅行经验，相约第二天一起去溶洞，游八十里画廊。

没有一句话提到各自的背景，也没有一句话涉及私人问题，就像两个已经熟识多年的朋友一样，只专注于此次的出游。

第二天，他们玩得很开心，还请人为他们合了一张影。就在小敏觉得他们肯定会更进一步发展时，他却告辞说要返回了。他很高兴能碰上小敏这样一个游伴，很高兴能有这次开心的旅游，可他必须回学校，因为他得赶写论文。

小敏知道他是在读的研究生，知道自己没有理由挽留他，只好告别。临别前，小敏鼓起勇气给他留了电话号码，还故作轻松地说以后有机会一起做"驴友"。小敏一直没有主动拨那个电话，她耐心地等啊等，等着男生先主动跨出第一步。这一等就是两年时光。

当我们知道她这样傻乎乎地一直等着后，纷纷劝她主动联系。鼓起勇气的小敏拨打了那个号码，却发现它是个空号。

也许他已经毕业，换了环境，换了号码，也许他当初留的就是一个空号。谁都说不清这是怎么回事。然而唯一的线索断掉后，那个人就变得虚幻起来。如果不是电脑里还存着那张合影，小敏一定会怀疑自己只是做了一场梦，梦里碰到了心仪的男子而已。

我们问小敏："你还要等下去，等待再一次邂逅吗？"小敏纠结地掰着手指，只说不知道。

是的，那么美丽的一次相遇，那么令人心动的一见钟情，怎么舍得就这样放弃？因为不肯放弃，小敏错过了身边很多合适的追求者。一晃，又过了两年，曾经花儿一样的小敏依然孑然一身，只为不能忘记那曾经怦然心动的一刻。

冥冥之中碰上那个人，是幸运的，多少人即使结婚生子，也未必体验过那种来自灵魂的触动。小敏的感觉就像天神在面前打开了一扇通往天堂的门，可她还没来得及起脚跨入，门就关上了。她久久地在门外徘徊，不肯离开，幻想着那扇门在某一刻又突然打开。

有人向小敏表白了，那是她经常联系的一个客户。她对他很有好感，可从来不觉得自己爱上他。在答复他之前，小敏犹豫地问自己怎么办。她仍然放不下那一见钟情的幻影爱人："万一我结婚了，他出现了怎么办？万一这一切都不过是上帝安排来考验我，看我是否真的爱他怎么办？"

怎么办？是继续爱一个虚幻的影子，还是接受一个真实的人物和真实的世界？这才是小敏的问题。

小敏不甘心，真的不甘心。她认定自己的爱情应该有个浪漫的开端，而不是这样天天见面，某一天表白后开始拍拖，最后谈婚论嫁。

为什么浪漫邂逅的爱情才算真的爱情，而相处日久渐生的情愫就不是爱情？爱情的发生不可以有各种各样的面目吗？青梅竹马，或者一见钟情，又或者日久生情，只要这份情是真实的，那为什么还要怀疑这份爱呢？

小敏不再言语，她心里何尝不清楚自己的坚持和等待有多么的虚幻。只是，没有哪个女孩子能那么轻易放弃梦寐以求的美丽爱情，哪怕它是虚幻的。

一瞬间怦然心动，那一眼就从芸芸众生中认出了你，这种一见钟情的爱的确很美。可是，如果没有日复一日的来往，没有年复一年的熟悉，那么刚开始的那种心动就会变得虚浮而不真实，这份爱也会失去坚实的基础而很容易破碎。万一他出现后，你发现他原来不过就是个陌生人，发现他令你心动的一切都不复存在时，那曾经美丽的爱情岂不变得愚蠢、可笑？

所以，就算有一见钟情的心动，就算有个美丽的开头，如果没有实现的可能，没有一个完美的结局，那不如将它埋没在记忆的海洋中，让那美丽的心动时刻变成化石，永远美丽，而不会破碎。

　　有时候，美丽的感觉不需要变为现实，只要你曾经经历了那样的美丽就好。

只识衣衫
不识人

　　爱情经常莫名其妙，它可以莫名其妙地开始，也可能莫名其妙地结束，只留下百思不得其解的糊涂，让我们痛心地感慨：这就是现实，就是无可辩驳的现实啊。

　　与小胖相识是在跟同学小聚时。大家都叫她小胖，但那并不是她的真名，只是个绰号罢了。她不是真的肥胖，只不过比一般女孩子更肉嘟嘟一些。她是同学的同事，听说我们有小聚会，非要跟了来。同学说她刚失恋，情绪不好，为了让她散散心，所以就带了来。

　　一杯啤酒下肚，小胖就跟我们没有了隔阂，她开始絮叨自己的恋爱经过。能看出来，小胖是个开朗乐观的姑娘，可再开朗乐观，也禁不住失恋的打击。

　　"凭什么，凭什么他就'一箭终情'，把我所有的好都否定了？"小胖悲伤地嘟囔着，拿筷子狠戳自己碗里的菜。

　　说起她分手的理由那真是相当莫名其妙。她和男朋友是经朋友介绍认识的，刚开始交往的时候没有什么问题。那个男孩比较内向，不善言辞，对小胖没有任何不满的表示。可是交往了三个月后，他吞吞吐吐，闪烁其词地提出了分手。小胖禁不住追问："为什么？为什么毫无征兆地就提出分手？"男孩低着头回答："我其实忍耐很久了，就怕伤了你的感情。"

听到这儿我们纷纷表示不满：哪有这样的，一点都不痛快。一开始不行，就早早提啊，拖这么久。再说了，要真怕伤感情，那就别提啊。小胖使劲点头："对啊，再说你总得给我个理由吧。理由竟然是他受不了我走路的姿势，受不了我穿一条灰白的牛仔裤。"

这算什么理由？我们几个先是愣了一愣，继而觉得好笑，但又没法儿笑出来。当喜欢一个人的时候，什么都好，不喜欢一个人的时候，什么都可以成为分手的理由，不是吗？可以因为一个微笑就爱上某个人，可以因为某一个姿势或者表情爱上一个人，那当然也可以因为某个姿势、某个举动或习惯而不爱一个人。

但这个理由还是让人觉得委屈，觉得难过：为什么这么一点点不好都不能忍受？况且她走路的姿势并没有奇怪到哪里去，她也可以不穿那条灰白的牛仔裤，为什么就要断然决然地分手呢？

原因其实很简单，那就是：他真的不喜欢你。

可小胖不理解这点，她就觉得自己在他眼里还不够完美而已。她继续喝着酒，不停地表达疑惑，表达伤感，最后却自信乐观地决定永不放弃，一定要努力追回他。她要改变走路的姿势，那条牛仔裤将永远被抛弃。她要为他而改变，变得完美。

我们劝她不要这么盲目，不要急于改变自己，顺其自然最好。可她坚持要努力。"韩剧里的金三顺不也胖乎乎的，可她遭受了那么多打击，不也把男主角追到手了？我为什么就不行？他只是不喜欢我的走路姿势，我其他的优点一定可以打动他的。"小胖最后坚定地说。

没错，成功感动对方的故事有，努力一把也没错，可是千万不要以为这样就一定能成功。

我们没有再说打击小胖的话，只是反复告诉她随缘吧，努力一把试试，但千万别钻牛角尖。爱情最怕的就是变得偏执，变得一根筋地较劲，最后可能毁了别人也毁了自己。

凭什么？被甩的女孩最爱问的也许就是"凭什么"：凭什么对他那么好，他还不满足？凭什么我这一点小错误，他都不肯原谅？然而感情的世界里，真的不是只简单地讲"凭什么"的。就像有时候爱一个人没有理由一样，不爱一个人也可以没理由，与其苦苦追寻答案，让对方给个理由，不如洒脱转身，去寻觅自己的另一次机会。

不知道小胖是怎样实施她的"金三顺"计划的，大约过了几个月后，听同学说她彻底放弃了，因为那男孩有了新的女朋友。

爱情就这么奇怪，就能够因为一个莫名的理由而终结。如果遭遇到了这种爱情，不如不要问"凭什么不是我"，而是问问"凭什么非得是我"。

一个人的评价不会降低我们的价值，尤其一个不爱我们的人的评价，他们的话更是可以当成耳边的清风一样，随它去吧。在他眼里不可忍受的缺点，也许在真正爱我们的人眼里，那会是一种魅力，一个诱惑。所以，就让他"一箭终情"好了，就让他转身而去好了，我们还是为新恋情的开始做准备吧。

童话的开始，
现实的结局

　　山花烂漫的季节，是恋爱的时节吗？落叶纷飞的季节，是分手的时节吗？在这漫天黄叶纷飞的时节，我又听到一个分手的故事，让人格外惆怅。

　　他们相识于一棵梧桐树下，那天的梧桐花格外漂亮，一朵朵悠悠地坠落下来，打在他们的身上。然而这记忆只能是美好的过去了，每次她一说起，就会双眼潮润。

　　梧桐树下的相见让她认定他就是那个她一直等待的王子，伴着梧桐花特有的香味，他们开始了最为甜蜜的恋爱。她以为那短暂的四年大学时光足够醇厚，值得她咀嚼回味一辈子。可是，转眼间，那些甜蜜的话语、那个熟悉的身影、那些幸福的时光、那个贴心的男孩都变得好陌生。人生若只如初见，该多好啊。

　　大学毕业后，他们一起来到北京，期望在这个繁华的大都市里创造美丽的明天。租房住的日子相当辛苦，然而下班后他会在公司楼下静静地等着她下班；怕挤地铁被人给挤坏了，他总是环抱着她，说随时要保护她，不让她受一点点委屈。幸福的生活让她无法理解那些闹矛盾的恋人，男孩子怎么会惹他心爱的女孩生气呢？一定是她误解了他吧。

他每天都为她准备好营养早餐，每逢下雨总会去她的公司给她送伞，后来只要看到天阴沉沉的，就在她的包里放一把雨伞。她是一个性格开朗的女孩，有些男孩子的气质，做什么都大大咧咧的像个小男孩。可是在与他相爱的日子，她留起了长发，穿起了裙子。去见他的同学时，还穿起了从来也不穿的高跟鞋，打扮得风姿绰约。看到她磨破的、红肿一片的脚跟，他又心疼又开玩笑地说："让你做女人，还真辛苦。"

这些辛苦她其实都不在意，她在意的是和他在一起，和他一起奋斗。他们曾谈论了那么多次，将来有一套房子，有心爱的小宝宝；将来要去周游世界，看最美丽的风景。尽管还困在小小的出租房内，但他们的梦那么绚烂，那么美好。

他一直是她心中的王子，一直是那个呵护她、为她而与全世界战斗的王子。她等待着他实现婚约，等待那场喜庆的婚礼。在那一天，不是公主的她却要嫁给她的王子，成为世界上最幸福的女人。

这美丽的等待让她忽略了他的转变。她没有留意到他的笑容越来越少，也没留意到他与家里的电话多了起来。她怎么会留意这些？她是那么相信他，那么坚定地认为他是坚不可摧的王子。

她还清晰地记得那天晚上，她给回老家办事的他打去电话，要他赶快回来，因为她要请他去一家俄罗斯餐厅吃西餐。她拿到了等待已久的奖金，她要跟她的王子分享这快乐，并庆祝他们相恋七周年。

说好周六回来的他竟拖延到周一才回到北京。他给正上班的她打电话，说下班后在那家俄罗斯餐厅见面，他要请她吃饭。

欣喜若狂的她以为这是晚归的道歉，以为这是他要弥补分别两周的愧疚。

如果他这样疼爱她一辈子，还有什么不知足的，还有什么困难能够吓倒她呢？

晚上见面时，他已经点好了菜，居然还要了瓶红酒。满脸欢笑的她开玩笑说："是不是想收买我？想让我下嫁给你吧？"他勉强笑了一笑，淡然说："先吃饭吧。"她觉出了异常，收敛起笑容问他这是怎么了。他垂下眼帘，沉默不语。从不曾见他这样沉默过，她有些不安，不停地追问："是你家里出了什么事？你碰到什么意外了？"最后焦急的她放下刀叉，固执地说，"有话现在就说，要不然我吃不下。"

"我们分手吧。"那犹如晴天霹雳的几个字从他的嘴里缓缓吐出，惊得她不知道该怎么回应。她有些愣愣地看着他，听他说出了全部的想法。

他说自己给不了她想要的未来，他受够了这座大城市的各种压力。他不想把大好的青春年华耗费在这里，每天累死累活像牛马一样奔波劳累。他看不到前途，也感觉不到幸福，更别谈未来的幸福。在老家，那个不大的城市里，他的父母已经为他安排好了工作。他要离开这里，也要离开她，因为他知道她从没有过跟他回小城的想法。

曾经坚信的一切瞬间坍塌。她的王子，那个曾经呵护她、保护她的王子就这样起身下马，变成了一个普普通通的男人，一个不会再为她遮风挡雨的陌路人。

她没有想到他会离开，更没想到他做这一切退路时，没有向她透露过一点消息。

清晰地记得去赴宴，却不记得是怎么离开餐厅的。当她从醉酒的昏睡中醒过来时，发现自己孤零零躺在出租屋的床上，分外孤独。那天，她没有去上班，然后就一直没去上班了。

辞职后的一个月里，她以泪洗面。曾经的欢笑、曾经的憧憬时不时地跳进脑海，刺激着她的泪腺。那是怎能轻易忘记的美好时光啊。她爱着的王子一路陪伴着她，风雨无阻，可如今，只有她孤零零一人面对着这无限大的城市。

我们几个相熟的朋友轮流约她出门，今天拉着她到这里逛街，明天又去那里吃饭。渐渐地，她平静下来，恢复了思考的能力。那一天，我们对坐喝茶，她轻轻地叹了口气，说再也不敢相信爱情了。她的大学室友给她打来电话，说马上就要结婚了，却跟她一样分了手。别人的痛苦分散了她的失恋之痛，她突然发现，曾经美好的感情真是说没有就会没有的，而且这还不是她一个人的遭遇。

为什么会这样呢？她疑惑着。我静静地说："生活是一块试金石，会试验出所有的人究竟是真金白银，还是破铜烂铁。他既然不是那个可以跟你一起走下去的王子，那就不如让他早早下马，分手的好。"

她的表情还是有些伤感，似乎不能接受我这样的解释。不过失恋的伤需要自己慢慢愈合，而这需要一些时间。

天气越来越冷，幸运的是她反而渐渐复苏了。一天晚上，她打电话请我们吃饭。在小饭店里，她高兴地说找到了新工作，她要有新的开始了。这段失恋让她明白，她对自己有多么的不负责任，她为了他做过那么多无谓的改变，而如今又陷入失恋的痛苦浪费了很多时间。

不管曾经多么美好，不管自己有多么的不甘心，那个已经不再同路的人，都不值得再去留恋了。她曾经的王子已经丢下她而去，可她不能丢了梦想，不能忘记自己对自己的承诺。

"来，我们干杯！"她举着泛着泡沫的啤酒说，"我要让那个王子彻彻底底地下马。我要勇敢地去追我还能追到的生活！"

是的，我们的人生也许会一下子就碰上那个对的人、那个真正的王子，然后恩爱牵手走上一辈子。但也许我们会遭遇错误的人，以为他就是那梦中的王子，然而时过境迁，却发现他早摘下了王冠，与普通人无异。如果他已经不再是我们的王子，不再是我们能够依赖的人，那么，就让那段爱情成为人生的一段过往吧。未来还在等着我们每一个人。

烟花上演戏剧，
天空却一笔抹去

最隐秘、最伤痛的感情往往是最难向人诉说的，尽管经历的一切都可能已经如梦似幻，但还是不能想起、不能提起，要不然那种隐隐的痛会瞬间痛彻心扉。

在这个有爱就大胆说出来的时代，却仍然会有不曾说出的爱。

她聪明但不算勤奋，高考的时候成绩马马虎虎，在家里人的支持下挑了个大专学校去读了。读完大专回到老家县城，进了一家民办企业，好歹先干点活，等有机会再寻找稳定的好工作。就在这家民办企业里，她碰上了自己喜欢的人，碰上了让她隐痛不已的爱情。

他是刚毕业的本科生，跟她一样，也在这家企业里做过渡，等待更好的就业机会。他们都在单位住宿，办公室也相距不远，他有事没事就去她的办公室，跟她天南海北地聊，有时也去她的宿舍，跟她和她的舍友一起聊天。两个人很投缘，很有默契，但谁都没有开口挑明心中的好感。

那真是一段美丽的时光，不曾表明的爱情会因为朦胧而让人格外心动。有天晚上，她们几个年轻人凑在一起聊天，她突然说想吃烤鸡，好久没有吃到县城某处的烤鸡了。她不过是随嘴说说，根本没放在心上。然而晚上很晚了，她跟室友都躺进了被窝，他来敲门，从窗口递进来一只烤鸡。

那一刻她无比幸福，无比甜蜜，顾不得天已经很晚，就在室友的玩笑中跟室友瓜分了那只烤鸡。

她还清楚地记得，那年过年，正月十五的时候，县城里放烟花，他们相约去看。在拥挤的人流中，他悄然拉住了她的手，保护着她。没有多余的话，也没有任何甜言蜜语，但她的心已经完全醉了。那晚的烟花很美，红的、绿的，还有金光闪闪的一大朵一大朵在头顶爆开。她希望烟花继续爆开，希望这一刻永远也不要过去。然而月亮逐渐明亮，烟花散尽，就连飘在空气里的硝烟味也淡了。他拉着她的手一起走回单位，把她送回了宿舍。什么也没有发生，但一切都足够了，足够让人陶醉了。冰冷的空气里，那手温至今还能回忆得起来。

美丽的爱情似乎降临了，可故事的发展总出人意料。她耐心等待他的表白，等待恋爱能够真正开始。可随着天气的转暖，她发现他逐渐疏远着自己。

这是怎么回事？为什么他突然变得这样飘忽不定？就在她独自苦闷不解的时候，一个春意融融的日子里，工厂的大姐突然问她："你们不是订婚吗，怎么还来上班？"她愣了，莫名地笑着说："哪有，你听谁说的？"大姐也纳闷，告诉她他请假了，据说是为了订婚。那暖暖的太阳晒得她发晕，可身上却是冰凉冰凉的感觉。她展颜一笑，掩饰过自己的尴尬和悲伤，独自回到了宿舍。

她心绪烦乱，又无可奈何。她能怎样呢？他们之间可以说什么事都没有，谁也不曾表白，他们并不曾明确恋人关系，如今他订婚，当然跟她扯不上任何关系了。可她心痛、难过，因为她的爱情还没有开始，就被迫结束了。

再见到他时，他脸上没有订婚的快乐表情，但他不敢直视她的目光，反而是她，大大方方地说话做事，像没事一样。他婉转让人告诉她：他并不喜欢订婚的对象，但家里人希望他找个城里的女孩。

她听完没有任何表示，尽管心里已经痛得不能忍受。这是她的初恋，是她第一次为一个人动心，可他居然这么轻易地背弃了她，甚至背叛了他自己。

她无法光明正大地像个失恋的人那样向人哭诉，只能在夜晚躲在被子里偷偷流泪。为了抵挡这隐秘而伤痛的爱，她变得勤奋好学，在同学的帮助下报考了脱产专升本，后来又考上了研究生，最后留在省城工作。

这是她人生最华丽的一个转身。她靠自己的勤奋和努力改变了命运和境遇，只是当初的伤痛让她很难再相信一个人的爱。她不是没有重新开始的机会，只是在她的心里，那夜的烟花还没有散尽。

有时夜深人静，她会想起如果当初他选择了她，跟她在一起，那会是什么样的呢？随着时间流逝，她已经根本无法想象那会是怎样的情况了。

有一年回家，她偶遇到已经当了教师的他。他略显邋遢地骑着自行车，带着小孩从她身边经过，神情匆忙到根本没认出已经是一副白领装扮的她。

她回头看他远去的背影，心里突然无限怅惘。一切都结束了，她也应该从那场烟花梦里醒过来了。原来，大家都不过是普通人，都有自己的无奈。这么久了，何必还要耿耿于怀？

越是隐秘、越是无法说出的爱就越顽固，然而它一旦被诉说，那么它也就逝去了。她终于向朋友讲述了自己的这段感情，释放了自己。幸运的是，当初失恋时，她没有放任自己，没有因为受伤就破罐子破摔，潦草地对待自己的人生。

不管曾经受过怎样的伤，经历了怎样莫名其妙，甚至荒诞的爱，一定都要好好爱自己，好好爱生活。每个人都有自己的选择，就像他选择了家里人的安排，而她选择了求学上进的路，选择了更广阔的生活一样，没有什么可指责、可遗憾的地方。

就像烟花划过天空，不留痕迹，她的人生从此也没有了他的踪影。但她毕竟看到了烟花的美丽，看到了它的绚烂。还有什么比人生最美妙的体验更重要的呢？所以，这就够了。

让逝去的烟花消散，让灿烂的生命继续，这才是完美的结局。

爱上爱的幻影

张爱玲曾感慨说：像我们这样生长在都市文化中的人，总是先看见海的图画，再看见海；先读到爱情小说，后知道爱。

在每一个刚刚成长起来的女孩心里，都有一幅关于爱的美丽图画，这图画是结合了爱情小说、偶像剧或者各种美丽爱情故事而绘成的。当踏进爱的世界，女孩们最容易做的事就是按图索骥，寻找自己完美的恋人和爱情。

跟一位高中同学久别重逢，我们坐在一起谈天说地，不知怎么就谈到了恋爱，谈到了她那美丽又有些酸涩的往日恋情。

那时她刚跨进大学校园，从沉闷的高中生活里解脱，整个人都感觉轻盈自在、无拘无束。被压抑的活泼天性和美丽的一面一经释放就变得势不可挡，我的这位同学立刻成了男生们追逐的焦点。进入大学，谈恋爱变得理所当然，没有人会执意反对，也少了很多约束，我的同学自然开始在追求者中寻找自己的真爱。

她开始按照自己心中的爱情确定恋爱的对象。在一小队追求者中，她让心仪的男生辛辛苦苦追了一学期，才在他刻意安排的浪漫里接过玫瑰花。甜蜜的爱情开始了，可两个人之间的摩擦同样很快出现，吵吵闹闹，分分合合，相恋了两年多以后，他们彻底分手了。分手后她非常痛苦，为自己的爱情轻易破碎而难过。就在这当口，另一个热情的男生展开追求，她很快接受，再次恋爱。

她说自己有些对不起第二个男友，因为对她来说，这次恋爱更像是一种疗伤、一种赌气。第一次恋爱分手，是男生提出的，这让骄傲的她很受打击。尽管她伤心难过，情绪失落，还经常偷偷流泪，但表面上还是硬撑着，昂着骄傲的头不肯迁就。她坚决不理会前男友，不跟他联系。就在这当口，第二个男友出现，很容易就填补了第一个男友离开后的空当。

他没有第一个男友帅气，但身材高高大大，有吸引人的帅气举动。他会打篮球，会说笑话，会让所有在他身边的人感到开心和舒适。不管怎样，他都是个有魅力的男生，所以她很快答应了他的追求，与他开始恋爱。然而开始交往后，她总下意识地拿他跟第一个男友比较。他开朗风趣，但不够体贴入微，不懂得她那点细腻的小心思；他喜欢运动，是很多女生眼里的偶像，可他打起球来就忘乎所以，甚至连她都忘掉。没多久，两个人开始小吵小闹。刚开始他会主动道歉，求她原谅，过了一段时间后，不管冷战还是热战，他就变得不肯主动迁就了。最后一次吵崩时，他大吼一声："我不是你前男友，我是我！"然后甩手而去。

她呆愣了半天，才慢慢意识到自己真的是力求他要像第一个男友那样，而他根本就不是。突然之间，这场恋爱变得好没意思，变得让她想起来就觉得可笑。她是对着第二个男友，努力跟第一个男友谈恋爱。想到这里，她转身回了宿舍，再也没有联系第二个男友。恰好是毕业季，大家都忙着毕业的事，这场恋情也就不动声色地结束了。

她笑着承认，她的确更在意第一个男友，因此时常拿别人跟他作比较，才跟第二个分了手。有哪个男人能受得了自己的女朋友天天拿自己跟别人比较，而比较的结果又总是不如人家呢？说起来，这还真是她的不对。

那为什么会跟第一个分手呢？我忍不住追根究底地问。同学回思一下，淡淡笑着说："也许我以为我爱他，其实我爱的可能是自己的幻想。我觉得他很接近我理想的恋人，长相英俊，性格温和也有主见。他对女孩子有礼貌，对我也很体贴。可我总觉得我们的爱不完美，还缺点什么。缺什么呢？我觉得缺那种轰轰烈烈的感觉，缺那种浪漫气息。我想要的那种恋爱是，他要像韩剧里男二号对女一号那样，死心塌地，不管我对他是什么态度他都痴心不变。另一方面，我又希望他能像男一号那样超然出众，又对我呵护有加，可以引发其他女生对我的嫉妒。我想我是苛求他了，最终他受不了，也演不了这么一个角色。"

很多时候，我们的恋爱都不是顺遂自然地交往，不是熟悉对方，了解对方，然后接纳对方的交往，而是努力把对方变成自己想象中的那个人。至于爱情的样子，也要跟想象中的一样才对：要有浪漫的求爱场面，要有温馨的甜言蜜语，也要有我们在小说和影视剧里看过的各种情节。然而现实却不是这样，它不会根据我们的幻想来上演一出爱情喜剧。

看过了太多浪漫爱情的版本，接受了太多浪漫爱情的教导，当我们开始恋爱时，也许爱上的只是想象中的那些爱情，而不是现实中真实的人和真实的交往。当幻想被现实击破，当我们的爱变得支离破碎，很多人转而怀疑爱情，怀疑现实的一切，认为爱情是骗人的谎言。其实，是我们误解了爱情，给爱情加上了太多幻想而已。

爱情可以火热，可以浪漫，也可以平淡，宁静而悠远。现在，我的同学明白了这点，正在进行着一段踏踏实实的恋爱。这段爱不火爆、不热烈，但不温不火，恰到好处。在踏实的恋爱中，她说感觉到了人们常说的幸福，那种熨帖到心灵深处的幸福。

　　谁说爱情不存在？只是很多幻想的爱情不存在罢了。抛弃幻想，勇敢地进行一场最真实的恋爱，这样人生才不会陷入虚幻的想象。

如果……
如果你愿意

　　没有人愿意自己的爱情只是短暂的一瞬，是那么一刹那的经过。我们都希望爱情可以长长久久，永远不变。爱情越长久，就越伟大、越感人。只可惜，现实中的爱情很少这样。

　　同事小澄就在痛苦中结束了她八年的恋情。八年前，刚刚毕业，正当妙龄的小澄结识了大她几岁的男友。那时他正在事业拼搏的路上，跟小澄边谈恋爱边规划着他们的未来。小澄很爱他，也很支持他。两个人很快确立了恋人关系，谈了几年后，又一起租房住。

　　如今，他已经是个事业小有成就的管理者，却迟迟不肯兑现诺言，向小澄求婚。小澄一直坚信他们的爱，相信他会向她求婚，给她一场盛大的婚礼。

　　年纪越来越大，家里人也越催越紧，小澄忍不住跟他谈起结婚的事。他先是躲躲闪闪，不肯正面这个问题，后来被追问得紧了，他才支吾着说不想结婚。他一直恐婚，害怕承担跟随婚姻而来的各种责任。

　　小澄有些伤心，也有点灰心。她早就觉察他有恐婚的倾向，但她一直耐心地等他消除恐惧，等他能够面对这件事。可是等了这么多年，还是没有一个好结果。

伤心的小澄左思右想，决心跟他提出分手。他没有要挽留这段感情的意思，只是默默地收拾好自己的东西，默默地离开了。

原本以为分手的刺激会让他变得勇敢一点，结果他竟然全面撤退，这状况把小澄打击得彻底无语。她怎么也想不明白，相恋相处了八年，他怎么能说分就分，说走就走？

然而这没有什么想不通的。情感专家曾说：将长久的恋爱是有害的。超过五年甚至十年的恋爱，会把你们的感情全部消磨掉。没有进入婚姻的爱情最容易消磨，曾经的激情在柴米油盐中慢慢消耗，当它不能转换为家庭的责任和亲情时，它最后很可能什么都不是。

为了这个男人，小澄耗费了自己最美丽的年华。刚分手的时候，她期望他能幡然醒悟，回心转意，来找她，并告诉她，他还爱着她，愿意肩负起爱的责任跟她继续走下去。可她始终没看到他有回头的迹象。

也许他对她的热情的确已经耗费得干干净净，丝毫不剩，跟她分手对他而言恰是一个解脱。他不必再承诺什么，不必担心婚姻的束缚了。

对这样的人，能说什么好呢？除了果断地放弃外，难道要继续留恋，耗费自己的时光？

很多时候，爱情不是我们想象的那样，会随着时间的推移变得浓烈，变得难以割舍，相反它可能会变得淡漠，变得让人厌烦。那么久，也会分，只是因为过了那么久，爱情已经面目全非，不再是以往的爱情了。

就像是奔跑在看不到终点的跑道上一样，恋爱很久的人跑了很远的路，但看不到终点，又不甘心退出，这种痛苦其实比彻底放弃还要苦。彻底放弃，断绝没有希望的幻想，才是对自己负责，对未来负责。

不要再想曾经的他很优质，不要再认为放弃也许会后悔。坚强一点，自信一点，或许这个停顿会让人生整个转弯，幸福就近在眼前地向你招手。

　　电影《失恋33天》里，黄小仙突然失去了相恋已久的男友，感觉像天塌下来一样。她苦闷，她无助，她极其不喜欢自己的状态。可一个已经移情别恋的人，又怎么能再给她以欢乐？不再依赖，不再幻想，坚强地生活，她终于发现，失恋并不是世界的末日。

　　感情就是如此，不管是多年的恋爱长跑结束，还是短短几月的恋爱结束，只要动了真情，我们就会心痛，就会难过。可是难过归难过，生活还得继续下去。因为美好可能正在前方等着我们。

　　失去了多年的爱，即使没有了二十几岁的如花年龄和容颜，也会拥有更为成熟的心灵和气度。

　　热爱生活、拥抱生活的人，生活也一定不会辜负他。敢于谈一场恋爱，敢于勇敢结束恋爱的，爱情也一定不会辜负他。

爱情
是一种态度

　　不管曾经有过怎样的风花雪月，也不管曾经付出过怎样的真心，一个人若是想从爱情里离开，你要拦也拦不住。

　　很多人都不明白这个道理，因此才陷进失恋的痛苦里无法自拔。

　　有个认识的小妹妹突然打电话给我，寒暄两句后就向我说起她的男朋友和她的委屈来。我不知道她为什么打电话给我，也许不熟悉的人，讲起来才不会有太多顾忌吧。

　　她和男朋友相处两年多了，感情一直不错。当初是男孩子主动追她的，她蛮喜欢这个聪明活泼的男孩子，就跟他全心全意地来往起来。两年中，两个人甜蜜过，也吵过闹过，但从来没有闹过分手。最近，这小妹妹发现他跟一个女同事关系暧昧，两个人还背着她一起去了另一个城市。她发现后让他讲清楚怎么回事，他解释说只是一起出差，两个人没什么事，让她不要多心。

　　可面对这种情况，女孩子怎么能不多心。她偷偷留意他的行动，甚至偷偷查看他的电话。她发现两个人已经超越了暧昧的界限，只是男友还没决定跟她提出分手。

"怎么办？怎么办？我该怎么办？"小妹妹简直要哭出来。

她自然还是爱他的，希望他跟自己继续走下去。毕竟两年了，她已经习惯身边有这么个恋人存在。

可恋爱是两个人的事，不是她想怎么样就会怎么样的。我劝慰她别着急，让她跟男朋友再谈一谈，看看他究竟是什么意思。如果他真的变心了，那么还是彻底分手的好。我们是没有办法真正留住一个心不在你身上的人的。

小妹妹很难过。几天后，她又打来电话。这次她说男朋友向她摊牌了，他是跟那个女同事好上了，要跟她分手。她痛哭流涕坚决不答应，他也就含含混混不再提这个事。

还是怎么办的问题。"怎么办？他当初追求我，现在怎么能提分手？"小妹妹哭泣着问我。我不知道怎样解释才能让这个女孩子明白，爱已经走了，他迟早也会走。

小妹妹说自己生气、哭泣，恳求了很久，男朋友也很难过、很沉默。她觉得他有些后悔，也许只要那个女的不再纠缠他，那么他就会留在自己身边。这听起来没错，可她不明白，如果他的心已经不在她这里，那么不跟这个女的纠缠，也可能会跟其他女的"纠缠"。他们的问题实在跟那个女同事没多大关系。

后来小妹妹再打来电话，仍然伤心，仍然为唤不回男友的爱而痛苦。我只好不客气地告诉她："能被牵走的，就不是你的。他既然已经不是你的了，你为什么就不放手呢？这样苦苦地委曲求全，迁就他，恳求他，最终得到的只能是一点点怜悯，而根本得不到真正的爱。时间长了，他可能连怜悯都没有，只会有无尽的厌烦。真正的爱是有尊重、有尊严的，是不能任人践踏的。"

也许我说得有些严厉，小妹妹啜泣着没有回应。我赶忙又劝慰她："如果男朋友真的不爱你了，那就分手好了。分手后，也许你能碰到真正爱你的人。与其让这个不爱自己的人妨碍未来的幸福，不如现在就赶快放手。"

我知道，这种劝慰多半都不起作用。爱情里的一些道理需要自己慢慢体悟才能了然，然而说给她听，是想让她知道，失去了他的爱，她还是有希望的。

经过一段时间的纠葛，小妹妹最后终于分手了。她后来明白，那个曾经爱过她的人是彻底变心了。而变心的他正如我所说，能给她的只有怜悯，最后就是厌烦而不再是爱。

她放手了，放开了那个不再属于自己的男人。然而在放手的那一刻，她其实也获得了机会，一个得到自己真爱的机会。

当爱已经离开，而我们不肯离开时，也许不是我们不能离开，而是我们脆弱的自尊心不允许。我们不甘就此失败，败给某个情敌或对手。可想一想，感情的世界里能讲成败吗？如果两个人心心相印，情意相投，是因为你打败了第三者，还是因为你们本身就相爱？如果只是因为打败了第三者，那么，我们只能说你获得了战利品，而不能说你一定获得了对方的爱。

所以，放开任何成败的想法，放开那些已经不属于自己的人，给他自由，也是给自己自由。要知道，爱情是两个人的事，任何一方没有了这份心思，那么爱也就算没有了。

CHAPTER

♥ 02

以爱的名义，认识真正的自己

美丽的爱情童话中，结局都是完美的。现实却呈献给我们另外一个版本：男女主人公相遇相爱，经历了美妙的心动和艰难的相处，却走向了分手的边缘。相爱容易相处难，我们需要在爱的怀抱里，学会相处，认清自己。

分手
有时并非背叛

在经历真正的恋爱前，每个人心中都会对爱情有美好的憧憬，都会想象着那心动的一刻如何降临，那热恋中的情形又是怎样。但是，当经历真正的爱情后，我们每个人却可能有自己不同的感受和结论。《大话西游》里紫霞仙子坚信自己的爱人会踩着五彩祥云来找她，可最后却悲伤地说："我只猜到了开头，却猜不到结尾。"

很多人的爱情都是这样，有个轰轰烈烈的开头，却不知道会有怎样的结尾。朋友阿蕊就有一段称得上轰轰烈烈开始的爱情，可结局却那么平淡无奇，无奇到她自己都觉得可笑。

那还是在高中的时候，她跟班里的一个男生越走越近，两个人总有说不完的各种话题。她根本不觉得自己在谈恋爱，但班里已经传得风风雨雨。班主任找她谈话，劝她把心思放在学习上，还找他谈话，让他冷静处理，别毁了两人的前程。

因为这些突然出现的外力，她突然意识到自己原来跟他有这样亲密的关系。倔强而要强的她固执地认为：喜欢就喜欢了，恋爱就恋爱了，为什么要你们来管？他们一如往常地来往，甚至举止之间有了更亲密的味道。有同学开她的玩笑，言语中有几分讥讽。她生气，他挥拳而上就跟那个同学打了起来。

这意外的阻挠像燃烧的柴火，让他们的爱情迅速升温，直至无人能挡。双方的家长也参与到阻止当中，可爱情有时就是阻力越大，越能激发出相爱者内心的热情。她暗暗决定此生非他莫属，他也曾表示永远不会放弃她。

进入高三，繁忙的学习让他们的接触减少，双方家长和老师的严厉阻挠也让他们无法继续往来。他们暗暗相约，一起考上大学，到那时，他们就自由了，胜利了。

两个人如愿考上了大学，在一个城市里就读不同的学校。突破了所有的难关，他们终于可以不受阻挠地走在一起了。

刚开始的时光是美丽的，过去的痛苦和压抑让他们格外珍惜在一起的分分秒秒。他们瞒着父母在校外租房子住，俨然一对亲密的夫妻。可这种亲密没有维持多久，两个人就开始为一些琐事争吵。

很多爱情都抵挡住了狂风骤雨般的外力阻挠，却经不住日常琐碎的慢慢消耗。今天吃什么，明天该谁买早点，房间乱了谁来打扫，是参加同学聚会，还是陪我逛街？以前他们的话题是理想，是未来，是事业和希望，那么美好而崇高，可现在，这些吃穿用的事情突然出现，在浪漫的爱情里显得那么突兀和刺眼。爱情的温度计失去了加温的热源，只能逐渐降温。

日复一日的艰难相处消耗着两个人内心的爱意，实实在在的生活让她觉得曾经的爱情梦幻全都破碎了。原来他并不是自己理想的爱人，而她也并不是他满心希望的那个爱人。两个人竟然犯了一个相同的错误，误将青春时期的好感当成了爱情。

渐渐地，他很少回他们的租住屋，她更多地留宿在学校的宿舍里。再后来他们退了房子，偶尔电话联系，但很少再见面。直到有一天，要过情人节，室友们谈论各自的恋人时，她才决定正视自己的问题。他们的恋爱已经有名无实，已经没有丝毫温度了，留着这个空壳子还有什么意义？

犹豫又踌躇，毕竟当年的热烈和执着还没有完全遗忘，可现实相处的问题让她不愿再面对他。当她鼓起勇气告诉他自己的想法和决定时，他松了一口气，点点头，轻声说谢谢。其实他很早就想说分手，只是没有勇气。

告别时他们很友好，说还会做朋友，可她知道自己不会再找他了。抬头看看湛蓝的天，她觉得心情舒畅，不过这舒畅里夹杂着一丝淡淡的哀伤——曾经以为爱得那样热烈，足够感天动地，结果却这么平淡无奇，就连分手都没什么意思。

但阿蕊知道自己的决定是正确的，她跟他很多方面差距太大，根本无法正常相处下去。与其勉强维系已经不存在的感情，不如彻底放手分离。爱情的温度无法靠狂热的想象维系，它需要日常点点滴滴的积累来保持温度。当相处变得那样难、那样疲惫和乏味时，又何必耗费生命的时光继续维持？分手，有时并不是背叛爱情，而是尊重真正的爱情。已经不存在的爱，没有必要假装和伪饰，更没有必要无谓地维持。

当个性
遭遇自尊

爱一个人，可以没有理由；爱一个人，也可以有一个理由。同样，因为某个原因，爱情来到我们身上；因为这个原因，爱情又离我们而去。

不必感慨爱情太捉摸不定，也不必慨叹爱来如繁花灿烂，去如秋风般惨淡。毕竟，爱情迟早会进入那一场场真实的交往，在交往里显露它真实的模样。

有多少看似神仙美眷般的情侣，最后分道扬镳；又有多少不那么引人羡慕的情侣却能修成正果。在爱情里，除了相处的艰难，个性的冲突也会决定爱情的命运。如何处理两个人的骄傲，实在是恋爱的一个难题。

有位个性洒脱的女同学跟相恋了四年的男友彻底分手了。听到这个消息时我们都不相信，因为在我们的眼里，他们真是很般配的一对儿。两个人都那么漂亮有魅力，女生才华横溢，落落大方，男生帅气开朗，谈吐不凡。当初听说他们走到一起时，认识的人都忍不住点头称羡，觉得这再好不过，他们简直就是一对金童玉女。

可怎么就分了呢？我们忍不住好奇地打听，辗转听到了整个故事的经过。

她说她再也不想忍受他的骄傲自大，而他也坚决表示不会屈服于她的强权。原来原因很简单，在他们恋爱的过程里，他们都不肯放弃自我的骄傲和个性，不愿为对方作出让步和退让。

在学校时，他们就有分歧，但当时两人的交往圈子小，那些小吵小闹增进了两个人的了解和亲密感，不会危及两个人的感情。工作以后，随着社交圈子的扩大，两个人的分歧越来越明显。她不喜欢参加各种应酬，觉得自己的生活不需要那么多人参与，也不想跟不熟悉的人虚假说笑，表面应承。可他认为社交是必需的，不管跟哪类人都需要接触。他需要应酬，她宁愿一个人去电影院，也不愿意陪他去见各种各样的人。他认为她不尊重自己的生活，不尊重他的社交圈子；她则觉得他太男权主义，强迫她接受不喜欢的事。

事情的最后爆发是她在他多次的要求下，参加了一次同事聚会。聚会时男人多，女人少，场面有些乱哄哄的。她混在人群中不声不响，只是看着他们喝酒聊天。她这种冷淡态度让他不满，觉得脸面上有些过不去，可碍于人多，只好忍着不发火。

几杯酒下肚，男生们开起了肆意的玩笑，一些不雅的暗示和词语让她很不高兴。她悄悄示意他告别，但他拗不过同事们的挽留，一拖再拖。后来，她不愿意再待下去，呼地拉起包包起身离开。他追到外面，两个人开始吵架。

他责备她不顾及他的面子，当着同事的面让他难堪；她指责他不考虑她的感受，强迫她留在一个很不开心的地方。

紧接着，两个人各执己见，强调起自己的感受，似乎为了这场恋爱，两个人都忍让了很多、很久。恼怒的他最后提出分手，而她毫不犹豫地就点头答应。

就这么分了，没有任何回旋余地地分手了。当初我们眼里的金童玉女各自天涯，互不相扰。

这样的爱是不是太脆弱了一点，或者是不是太勉强了一点？当个性遭遇了自尊，谁该退让，谁又该去维护谁？

这实在是个很纠结、很难说清的问题。因为相爱真的需要太多包容，需要太多的理解和尊重，任何一方稍有不慎，都可能毁灭这段感情。

我们无法说他们谁对谁错，因为这场来往中没有谁绝对的对或错。说到底，只能是合不合适的问题。

也许她真的忍让了很多，而他也的确退让过不少，但他们还是不能仅仅以爱的名义就接纳对方的态度和个性。既然如此，那就不必再相信金童玉女的美丽童话，继续扮演什么金童玉女，还给大家最初的自由最好。

爱情是要自己体会和感受的，不是表演给别人来围观羡慕的。所以，她分手了，没有什么不好，也没有什么不对。如果在他那里她感觉不到被爱，感觉不到自我，那么这份爱对她来说就是苍白的，是枷锁而非爱情。

不要给自己套上这样的枷锁。如果爱情里没有碰到那个个性相投相融的人，就不要勉强维护爱的假象。如果对方不能照顾你的自尊和个性，那么不如解放自己，放弃这艰难的相处，去寻找适合自己的另一个故事。

在爱的尊严里，不需要一味迁就对方，束缚自我，也不能毫不顾及，扭曲对方的个性。只有平衡了自我和对方的自尊，我们才算找到了最好的爱情。

爱情，
不存在主动权

　　周末碰上好天气，是适合出门晒太阳的天气。背上背包，轻快地踏上城铁，靠在一个角落里，看窗外风景变化。路虽然长，但心情好，这漫漫路途也就变成车窗外美丽的风景。

　　然而好心情很快就被一对情侣影响了。两站过后，他们一前一后走上来站到我的面前。女孩不高兴地耷拉着脸，靠在旁边的车窗旁，恰好挡住风景。男孩满脸不在乎的表情站在她对面。两人显然吵架中，就算不是吵架，也是闹着小矛盾。

　　车子开动了，人们随着车子的节奏一摇一晃，男孩为了站得更稳扶住女孩的肩。女孩不乐意地扭了扭肩膀，摆脱开他的手。男孩子低声问："还生气?"女孩子没好气地撇着嘴，开始发牢骚，说他就知道玩游戏，耽搁了时间。男孩子也不满地嘟囔说你变化太快，说好今天不出门的，突然又要出去玩，害得他游戏都没打完。两个人琐琐碎碎拌着嘴，慢慢扯出了以前的事：那次你不听我的……我不能每次都听你的，你也没听我的意见啊……可是好几次都是你说了算，这次为什么不听我的……

反反复复争执的都是这个问题：你听我的，还是我得听你的？争到最后，女孩子更生气了，低声说："你根本就不爱我，要不然不会不听我的。"恰好车进站，停了下来，女孩迅速挤下车，男孩子在后面赶忙追下去。

不知道他们到站没有，但这样的争吵实在很常见。恋爱中究竟谁说了算，是你，还是他？

刚刚步入恋爱中，晕头晕脑的情人们也许很少留意这个问题，一人提议一人应答，做什么都可以共同进行。然而相处越久，那因为热恋而发晕的头脑渐渐清晰，自我也就渐渐回归，这时候，该听谁的话就逐渐成了问题。

想起一个朋友曾说，爱情中谁听话，谁可能就爱得多一点、深一点。也许，这就是恋人们极力想要对方"听话"的原因——你要以此证明你爱我。该听谁的话也因此变成了爱的主动权的争夺。

不知那对情侣谁最终能赢得这爱的主动权，然而这场争夺却非常容易让看似美好的爱情变得脆弱，变得那么不堪一击。

就是那个告诉我爱情中更听话的人爱得更深的朋友，却遭遇了分手。她曾经非常骄傲地炫耀恋人的听话，当着朋友的面指使他做这做那。的确，他是很爱她，很宠她，可还是经不住她逐渐升级的"听话"要求，最终心生不满而选择了放弃。

那时两个人互见家长，到了谈婚论嫁的阶段。见过他的母亲后，她追问他是听她的话还是听他妈妈的话。她可能是一时兴之所至，希望得到更多爱的示意，可他却觉得这触及了他忍耐的极限，是一种挑衅。他前所未有地发了脾气，说她太爱无理取闹了，怎么能这样问。

更受不了的是她。一个无关紧要的问题怎么会让他发这么大的火呢？还没有结婚，他就不听她的话了，那么婚后怎么得了？再说，就算你心里向着你妈，嘴上就不能哄一哄她吗？她生气地向我们诉说他激烈的反应，诉说他的种种不体谅。可好好的一段爱情还是结束了，双方始终在该听谁的这点上不能妥协。

事后她心里有点后悔，却无法接受他顽固的态度，无法原谅他的不肯听话。就像一只蚂蚁也能摧毁一座水库一样，这个"该听谁的"的小问题最终摧毁了爱的大厦。

在爱情中，没有完美的相处，只有更融洽的相处。真正的相爱，是无所谓谁掌握着爱的主动权，也不必要求谁一定要听谁的。相处是互相迁就与忍让，也是互相影响与合作，因此对等的关系才最稳固、最美丽。

很多爱情故事里，男主人公总能够死心塌地、无怨无悔，任女主人公怎样要求都可以。那的确很美，很令人感动，但那只是爱情故事，是童话而已。

与其因为这一点点小问题而失去整个爱情，不如抛弃掉幼稚的幻想，好好去爱一个人，正常地去爱一个人，不要再纠结你们的爱情究竟谁说了算。

当爱
遇上"爱好"

　　人的成长过程各不相同，兴趣爱好也可能完全不同。在初次见面的一刹那，两个人可能会被对方吸引而坠入爱河，但在长长的恋爱路途上，却会发现你无论如何也爱不上对方的"爱好"。分歧越来越大，爱情越来越遥远。

　　走到这一步的恋人们会痛苦不堪，究竟是为爱而妥协，还是为自己的爱好而分手？这是一个很个人化的选择题。

　　她天性好静，从小喜欢文艺的东西，比如绘画，比如音乐。虽然没有条件去学这些，但她内心非常向往，一旦有机会接触就希望多了解一些。他却像一般男孩一样，喜欢运动，爱谈论足球、篮球以及各种运动。他当初喜欢她，是因为她宁静的美好，而她喜欢他是因为他热情的追求。其实她特别不喜欢竞技运动，觉得那有些野蛮，不够美丽；他则觉得绘画跟音乐太过矫情，透着乏味无聊的味道。

　　刚开始恋爱的时候，他们没怎么注意过这样的差别，那时候的话题都比较普通，是日常的喜好和琐事。时间久了，他们才发现对方竟然对自己的爱好这么抵触。

有时博物馆里有展出，她要他陪自己去，他经常推三阻四，实在拗不过才会跟她去。她看得津津有味，他却百无聊赖，时不时地蹦出几句很外行的话，让她觉得难堪。相反，要是碰上比赛季，他会守着电视机不放，不错过每一场赛事。她跟他一起看，他是津津有味，而她百无聊赖。她性格很好，不喜欢与人吵架，碰到这样的时候，也就默默忍受，或者自己去做点别的事。

慢慢地，随着日常爱好和生活习惯都了解以后，两个人的话题日渐减少了。说什么呢？他想说的她不爱听，她想说的他又觉得没意思。他找朋友聚会的次数变多了，而她找闺蜜的时候也多了起来。两个人在一起时反而常常很安静，见面吃饭也只有简单的"你吃什么"和"随便"这样的对话。

这是爱到深处的一种默契吗？是那种熟悉到不能再熟悉的默契吗？可为什么她的心里总觉得有些失落，没有渴望跟他在一起的热情？相恋的时光逐渐褪去原先的光彩，她甚至宁愿一个人安静地看书，听音乐，也不想跟他在一起了。

她是在某天晚上想到分手问题的。那天她从网上搜了一部文艺片，让他陪自己看。他答应了。缓慢的节奏和唯美的画面让她很快进入情境，细细咀嚼那细腻动人的故事，可他一会儿起身喝水，一会儿看看手机，后来干脆躺倒在沙发上，不一会儿就睡着了。她看完后觉得回味无尽，想跟他说说自己的感想，一扭头发现酣睡的他，就立刻没有了兴致。

是不是该分手了？就在这时，这个问题猛然蹦出来，让她稍微愣了愣。相处了这么久，就这样结束又算不算莽撞和不负责任？

这是一个纠结的问题，是一个得靠个人选择的问题。

静下心来想一想，两个兴趣不同的人有没有可能相处下去呢？两人之间是没有了爱，还是仅仅因为兴趣这个问题有了分歧？如果说这只是两人相处的问题，那么找到解决问题的办法就行。

很多时候，爱情会因为共同的经历而变得越加牢固，如果两个相爱的人总是沿着各自的轨迹前行，没有与对方的交汇点，那么爱情可能会变得虚浮而不实在，失去坚实的基础。但如果两个人能抛开各自的不同而努力接受相同的地方，共同经历人生中的一些事，那么爱情就依然可以存在。

要是你实在无法爱上对方的爱好，不愿意接受这种没有深入交流的恋爱，那么不妨分手，放弃这段感情，去寻找志同道合的人。

如果两个人已经有了相当稳固的感情基础，说分手反而会很难过，那么不如忽略这些无法统一的爱好，采取一些补救的措施，加固两人的感情。

你可以尝试了解他的爱好，陪他参与他的活动，当然也可以要求他来了解你的爱好，邀请他进入你的爱好世界。就算不能真的全心全意地投入，也可以略作了解。只要不是有害的兴趣爱好，他保持他的，你保持你的，这又有什么不可？

生活毕竟是丰富多彩的，两个人总能找出一些一致的爱好。比如一起去旅行，一起看场都喜欢的电影，一起讨论都感兴趣的话题。

爱情是抽象的，交往却是具体而实在的。多少美好的爱情都败给了真实的交往，但真实的交往也可以促成坚不可摧的爱情。

如果恋爱中碰到爱好的差异，碰到兴趣的分歧，不要急于考虑要不要分，先考虑一下这爱好跟兴趣是不是与你们的爱水火不容。如果并非如此，那么就不要让自己的敏感把这个问题变成一个威胁两人关系的严重问题。

放松一点，容忍一点，不要追求绝对的一致，那么，融洽的恋爱关系就会常伴左右，不管你们能不能爱上对方的爱好。

无限沉默的
冷暴力

你若询问恋爱中的人，最怕的冲突是什么，他们很可能会回答是吵架，如果再问到有了矛盾最常见的情况是什么，估计还是吵架。

吵架很伤感情，这是我们早就知道的人生常理。可相处中哪有不吵架的，除非圣人才能做得到。在恋爱中，其实吵架并不可怕，很多人会因为吵架而感情更好，反而是不争吵才可怕。那些生气了却一句话也不说，不跟爱人做任何交流的人，最容易伤害两颗相爱的心。这种冷战、冷暴力的解决方式对爱情的伤害最大。

不管爱情曾燃烧起多么热烈的火焰，也不管两个人在这爱的火焰里拥有多么高的热情，每一次冷战，都会让爱火降温，持续的冷暴力最终会熄灭爱的火焰。

同事小琳曾谈过一场热烈的恋爱，就因为无法忍受的冷暴力而结束了。

她比男友小好几岁，初次见面就被他成熟沉稳的风度所吸引。也许是喜欢小琳的年轻可爱，也许是被小琳的痴情迷恋所感动，他热烈地回应了她的爱。两个人迅速进入热恋阶段，每次出行都十指相扣，让人羡慕。

相处一段时间后，小琳渐渐感觉到压抑，在这个成熟又能干的男友面前，她实在没什么优势。他经常取笑她好笨，虽然语气是温柔的嗔怪，可次数多了，她还是听出里面的轻视味道。有一次煲汤，被热蒸汽吓到的小琳哐当丢了汤勺，洒了一地的油水。男友听到响声站在厨房门口看了看，淡淡地说："你还真笨，煲个汤都会弄一地的油。赶快把油水清理干净啊。"说完，他就走开了，根本不管小琳有没有受伤。

　　小琳觉得好委屈，就算自己笨，他也应该帮帮忙，不是吗？小琳默默地清理了东西，心里的不满一下子达到了极限。她故意不跟他说话，想惹他生气，可他一直都没有理会。晚上她回家时，他想要亲吻她一下，小琳学着他的模样，淡然挣脱他的手。他觉察到她的不满，敷衍着说了再见后，在她身后咔嗒锁上了门。

　　小琳满心希望他能发火，能跟自己吵一架，那样她就可以把一直积压的不满讲出来。她一直是那种有什么想法说出来的人，可他偏偏就不喜欢跟她吵。

　　第二天她不理他，等着他主动联系自己，可他也照旧不理她，各自忙各自的。这样冷战了好几天，他连个短信都没有发过来，更别说打电话。

　　还爱着他的小琳受不了了，打电话找他吵架，他却无辜地认为小琳无理取闹，跟他过不去，才出现这种冷战局面。

　　在电话里，小琳气呼呼地埋怨他，说他太不懂哄女孩子了，他却反问："我没错，为什么要哄你？"这些杀伤力十足的话让小琳简直要抓狂，不知道该怎么跟这么一个感觉冷酷的人沟通。

　　后来和好后，小琳努力维护两个人的亲密关系，可他越来越多的挖苦讽刺让小琳更加不满。她反唇相讥，到了要吵的边缘，他就沉默，冷起一张脸，对小琳不闻不问。小琳就是想找他吵架，都找不到足够的理由。

一次次的冷漠让小琳心头的爱火逐渐熄灭，她痛苦犹豫，不知道该怎么继续跟他恋爱下去。她那么爱他，爱他的处事能力，爱他的聪明才干，可为什么就对自己这么冷漠？他对别人能客客气气，非常容忍，为什么对她就丝毫不能容忍，冰冷到极点呢？小琳想不通这样的问题。

很多人觉得，越亲密的人越不需要不讲道理。可有人说我们是对亲密的人太苛刻，对陌生人反而太宽容，如果我们能颠倒过来，那么世界就会美好很多。想一想，现实中可不就是这样。为了礼貌的要求，为了社交的融洽，我们容忍陌生人的冒犯，克制自己，对那些无关紧要的人表现出彬彬有礼的一面。可在面对亲密的人时，我们放下了一切面具，却给亲密的人一张恶脸。

就因为这种态度和想法，我们才把好好的爱情搞糟了。

我们劝小琳跟他明说自己的想法，让他改进自己的态度。可他觉得小琳太不成熟，居然让他采用吵闹这种幼稚的解决方法。他不认为自己是冷暴力，只认为是小琳太多心。

故事的结局当然是分手。这对小琳来说是一件好事。在爱情里，与其无法沟通，领教对方一辈子的冷暴力，不如早早放弃，给自己一条活路。

爱一个人可以生气、可以冒犯对方，但决不能肆无忌惮地伤害对方。相恋的人要维护热烈的爱情，就不要相信冷战能解决问题，就不要容忍对方的冷暴力。沟通最重要，哪怕是吵架的形式，也比冷漠地对待要好。所以，恋爱时，还是选择愿意跟你沟通的爱人，不要选择那个永远高高在上、蔑视你到不想跟你吵架的人吧。

让爱
远离喧嚣嘈杂

　　有时候女人觉得男人也善变，对女人的态度常常前后惊人。比如说刚开始追求恋人时，她如果叽叽喳喳地喜欢说话，那是活泼，是乐于交流的优点，可等到相爱已久，他又希望她最好不要说话。在恋爱里，另一个让恋人们头痛的问题就是：她太爱说话，他居然嫌弃她爱说话。

　　曾有女孩子不满地批评男朋友："为什么总是打断我的话，不让我说完？我唠叨还不是因为喜欢你？我才不跟其他人瞎唠叨呢。"

　　这没错，可是男朋友还是经常打断她正说的话，想办法引开她的关注点。郁闷的她把自己的烦恼发到帖子里，询问人们这是为什么。

　　她说自己喜欢把一天碰到的所有事情都陈述给他听，包括那些让她感动的细节。比如今天路上碰到了一只小狗，那只小狗毛茸茸的非常可爱，路过的人都忍不住逗它玩；又比如今天路过一家化妆品专卖店，店里的装修变化了，东西多了可是都涨价了；还有今天午饭吃了炒肉片，那个肉真难吃；今天老板批评了我们经理，她很不高兴……都是很琐碎、很生活的话，也都是适合讲给亲密的人听的话。可他就是听了烦，听了觉得很无聊。

女人是感性的，女人喜欢用语言表达自己的心情和想法。在恋人面前，她常常会不知不觉说出许多话。但她们没有意识到，一厢情愿的琐碎表达可能会成为对方烦恼的原因。

想一想，他每天的工作可能很忙，下班后就疲惫不堪。可她一开始说话，就非得把自己想说的都说完不可。在他看来这些话可说可不说，为什么就喋喋不休不能停？

男生也有唠叨的，这是另一个女孩的感觉。这女孩说妈妈管教她比较严格，大到人生目标，小到日常举止都喜欢指导她。她走出家门开始工作后，下决心找个绝不唠叨的男友。可老天总不遂人愿，就在他们都要订婚的时候，她发现他跟妈妈一样爱唠叨。

他唠叨的内容与妈妈的稍有不同，但也让她不胜其烦。在听她说了工作的事情后，他会建议她应该怎样与同事相处，要跟领导保持怎样的关系才行；有时候还会批评她某件事没有处理妥当，说她的解决办法一点都不对。她开始虽然不高兴，但勉强听他说，后来也是受不了，总打断他的话。

"为什么你不听我说话，不让我把话说完？"很多恋人都这样生对方的气，都对自己不能痛快表达感到气愤。可即使在恋爱中，也要想到对方的世界不只有你，对方也有自己的想法和处事方法。他也有不能忍受的一些事，不想听的一些话，千万不要把自己想到的所有"关爱"强加给他。

就像那个不满意男朋友唠叨的女孩，忍不住反驳说："既然我上班这么没能力，那你就养活我，我不去上班好了。"结果是两人大吵一架，差点分手。

关心他，爱护他，可以叮嘱他很多生活上的小事，或者提醒他很多容易忽略的问题，但千万不要重复，不要喋喋不休地说个没完没了，更不要在对方已经不想听的情况下，还坚持唠叨。

有个男孩子埋怨女友唠叨成瘾，他觉得这些唠叨不能安慰他，反而加重了他的心理负担。

有次他刚入职不久，碰上公司大面积裁员，闷闷不乐的他却在女友这里听到一堆刺耳的唠叨：你是不是得罪了上司？这个你应该从自身找原因，不能只怪公司裁员。你要多学学人际关系学，跟人搞好关系才能工作无忧……啰里啰唆的话让他头都要炸了，只好趁她稍微停顿的时候找借口溜出门去。

喜欢唠叨的人要么过于需要宣泄自我，要么总觉得自己正确，自己看问题才清楚明白，他们喜欢在交流中占据主动的地位。也就是只要我说就可以了，你只需安安静静地听我说、赞同我。这实在是一厢情愿的想法，是过于自我的想法。

恋爱中需要体谅和克制，不能无限地自我膨胀而将对方逼进死角。在他面前你可以很放松，甚至来点小小的放肆，但绝对不要一再越过对方忍受的界限。恋爱不是为了压抑自己、委屈自己，但也绝不是找这么一个人来体现我们的无所不知和无所不能。

就算不是在谈恋爱，也没有人喜欢啰唆。如果你不喜欢别人说很多没有意义的话，那么就记得别人也可能不喜欢。尤其是你的恋人，他也许喜欢你说话，但绝不会喜欢你无休止的唠叨。

适当地闭上嘴，给对方一点安静，给自己一点宁静。很多美好的感觉是从宁静中悄然滋生的，而不是诞生于喧嚣嘈杂。与其让喧嚣的话语阻隔开两人的亲密，不如静静地相依相偎，让心灵不断地靠近。

不要
迷恋孩子气

恋爱，有时就像上演一场对手戏，碰到的"对手"不同，爱情的感觉就不同。如果他是情场老手，对女人的心思爱好了如指掌，那么这场戏里的女人就可能比较辛苦，要抓住他的心，又不能让他了然自己的想法，有时还需要容忍他的花心，种种烦恼和痛苦都让人不胜其烦。相比之下，或许那种单纯少年的爱更真挚、更动人，也更好把握。

刚刚萌发的爱情来得热烈，来得执着，的确会让人沉浸在爱的烈焰中无比激动和幸福。然而相处日久，这种单纯而真挚的爱却会渐渐褪色成另一种无奈。

朋友不止一次提起她的第一个男友，在追忆曾经的浪漫爱情时一点也不后悔跟他分手。

像所有浪漫爱情的开端一样，他对她一见钟情，然后迅速展开追求。在同学和朋友们的策划帮助下，他以种种浪漫方式不断进攻，先是制造邂逅，然后邀请一起出游，一起看电影；在情人节送花，最后在她宿舍楼下用蜡烛拼出了" I love you"。

面对这种热烈的追求，朋友欢喜地答应了他，跟他走进甜蜜的恋爱中。她骨子里是个极其浪漫的人，自然喜欢这种热烈而充满戏剧色彩的追求，也许没有什么新意，但足够引人注目。

他们恋爱后每天都要见面，除了上课必须分开之外，其他时间几乎都黏在一起。渐渐地，两个人逐渐熟悉，朋友开始发现他的小缺点。他是个单纯的男孩子，有时还有些天真的可爱。很多事情他都很依赖她，在她面前，他就像个没有主见的小弟弟。这些她都容忍了，因为她的确喜欢他的热情和单纯，可是，她受不了他热情执着下面隐藏的小心眼和嫉妒心。

他们第一次严重争吵，就是因为他的小心眼。那时她要完成一项作业，需要跟同学合作。合作的小组里有位男生，两个人需要经常联系互换资料，这就引起了她男朋友的多心。他第一次追问为什么总联系他，她耐心地解答了。他第二次追问，她取笑他多心。他第三次又提起这个事时，她不耐烦了。后来他要是有一天没跟她在一起，碰面就问她这一天都做什么了。她把这理解成因为太爱她而泛起的小小醋意，也就尽量不在意。

有一天，她跟同学一起走在校园里，恰好碰到了男朋友。她正跟一个男生并排走路，边走边说话。他看到了，拉长脸走到她身边，不由分说拉起她就走。被拖出一段路之后，她甩开他的手，莫名其妙地问怎么了。他一脸天真地恼怒："不许你跟其他男生说说笑笑。"

她当时就火了，丢下一句"你真无聊"，就走了。他追在后面，反复问她："你生气了？你为什么生气？我又没做错什么。"她忍不住发火冲他喊："离我远点，让我一个人清静点。"他吓住了，停了脚步。

好几天，他打电话，她都没有接。再后来他上门来道歉，一脸的真诚，并且发誓说再也不会因为她跟别的男生说话就生气。她觉得好笑，也就原谅了他。

爱情在继续，她的失望也在继续。有天她感冒，一个人躺在宿舍里突然就觉得无聊，就拿起手机给他发短信："我感冒了，很不舒服。"他回过短信："吃点药，多喝水哦。"她有些失望，觉得这不痛不痒的套话跟没说一样。她不甘心地暗示他："我没有感冒药。"他回的居然是："那赶快去买啊。"气得她丢下手机，再不理他。

快毕业了，烦心的事情很多，她一有不顺的状况就给他短信或电话，想要找点安慰，可他总是比她更没主意，每次只会反问"那怎么办？"，或者就是"我也不知道怎么办好"。

几次这样的交谈后，她萌生了分手的念头。她突然发现他给的爱其实好不实在，除了开头那点浪漫的追求外，在交往中都得她主动承担维护感情的责任。他就像长不大的孩子只会要求，而不知道如何付出。

她不想再忍受他的幼稚了，她渴望一个能够让她依靠的坚实肩膀。当她提出分手时，他反应激烈，当着她的面流泪哭泣，嘴里嘟囔着"为什么，为什么这样"。她不客气地指出他的问题、他的幼稚毛病，告诉他自己不想再忍受他了。

也许这些话刺痛了他的自尊，后来他并没有纠缠她，让她松了一口气。

孩子气的爱人也许可爱，也许让人心疼，可是做他们的恋人就得足够强大，能够包容他的不成熟和一切幼稚举动。

一个幼稚的爱人可能会让人兴奋、激动，但他也可能让人紧张、压抑；

一个成熟的爱人也许不够浪漫，但他可以让人放松，让人身心舒坦。所以，不必迷恋狂热的孩子气的爱，那只适合于爱情童话，而不适合实实在在的生活。

当亲密
成为束缚

俗话说，喝酒不过六分醉，吃饭不过七分饱，有节制的生活才能显出生活的自在和可爱。那么爱情是不是也需要这浅浅的醉和刚刚饱呢？

的确，爱情也是需要一个度，爱一个人也需要把握好尺度，不能爱得过头，爱得没有任何间隙和空隙。

公司的一个美女最近成为大家羡慕的对象，因为她和男朋友简直好到如漆似胶。吃午饭的时候，一帮熟悉的同事跟她开玩笑，要她说说他们的恋爱秘籍，也好让单身的人学习一下，早日脱离单身的状态。

她甜甜地微笑着回忆起初次的相遇。那是在一个周末，她去附近的饭馆吃饭。刚吃完准备结账时，外面突然下起了瓢泼大雨。她耐心等了片刻，可是雨没有减小的样子。家里的电烤箱和窗户都没关，她还真不能再等这雨停了走。她急得团团转，在餐厅里踱来踱去，一边翻着手机看能不能找人帮自己，一边咕哝："什么鬼天气，变天比翻书都快，真讨厌！家里要是漏电了，那可怎么办？"就在她焦急不堪的时候，一把黑色的雨伞伸到了她面前。她抬头看到微笑的他，听见他说："拿去用吧，我不着急回家。"这简直就是传说中的及时雨，真正的雪中送炭、雨中送伞啊。对他善意的帮助，她一时惊讶，结结巴巴地回答："我拿去了，你怎么办？我们又不认识……"他仍然笑着，一指旁边的伙伴说："我朋友有伞，你不用担心。"她满心感谢，有些傻乎乎地问他怎么把伞还给他。他调侃地把手机放在耳边说："有电话啊，把我的号码记下吧。"她愣了愣，略微迟疑一下，就笑着记下了他的号码。就这样，他们从认识走到了如今的热恋。

听完她的讲述，大家异口同声地感叹：哇，好浪漫啊！她得意地笑起来。就在这时，她的手机响了，她接通后甜蜜地"喂"了一声，就离开大家去煲电话粥了。

对很多女人来讲，她的恋爱简直完美无瑕。他对她体贴入微，照顾得丝毫没有破绽。他是个感情细腻的人，恋爱后，几乎把所有的精力都放在了她的身上：早上上班前会短信提醒她别忘了吃早餐；中午会电话她按时吃饭，还要叮嘱她细嚼慢咽，别伤了胃；下班后会问她想吃什么，是自己做还是在外面吃。这幸福甜蜜简直让她无比享受，整天满脸笑容，流露着幸福的光彩。

然而有时候美好的爱情并不像我们看到或猜想的那样甜美。他们俩你依我依、亲密无间地相处了一年后，竟然分手了，而且还是我们这位同事提出的。

这就让人想不明白了。一个女人可不就要找一个时时都宠爱呵护自己的人吗，怎么就会分手了？大家纷纷表示不能理解，要她讲讲究竟为什么会分。她有气无力地回答："累，真累，我被他亲密无间的爱搞得好疲惫、好累啊。"

她原来也认为找到一个全心全意爱自己的男人就会很幸福，可过于亲密的爱反变成了沉重的压力，压得他们都透不过气来。他把她当成了他的全部，也要求她把他作为生活的全部。过年回家时，他一天好几个电话，追问她在家都干些什么。这样的追踪让她厌烦，后来听见手机铃响就浑身紧张。平常她和朋友小聚，他就再三盘问她见谁了、都干什么了。一到周末，他就要求她陪着他，很不高兴她去见朋友，跟朋友们逛街。他说他的眼里只有她，他的世界也全给了她，所以，她要同样回报他才行。

刚开始恋爱时，听到这样的表白她激动万分，恨不能全世界就只有他们两个人，可真要这样相处起来，就有点让人受不了。她希望能从他的身边暂时离开，透透气，跟密友们谈论一些她们小圈子里的话题。她也希望他能放开她一会儿，让她觉得自己除了爱情还有更丰富的世界。

可是，他爱她爱得太狭隘、太亲密，以致于两个人都无法呼吸，而他们的爱也失去了生命的活力，变成了两个人的枷锁。

恋爱需要陪伴，需要亲密无间，这是没错的，尤其当爱情刚刚开始的时候，恋人们都会渴望对方能长久地留在身边。有了一个牵挂的人、一个心爱的人，我们都觉得人生不孤单、生命不单调，怎么可以不经常相伴在一起呢？可是，长长的恋爱道路走过来以后，这种亲密无间却会成为羁绊，成为束缚，危害到恋爱本身。

日本情爱大师渡边淳一曾说：恋爱不能只考虑自己的感受，也要考虑对方的心情。有时，还要把对方的双亲和朋友的心情考虑进去。也就是说，恋爱的时候，不能只沉溺于自我的依恋感觉，还要顾及对方的感受和整个社会环境的反应，这样爱才能稳固和长久。

很多时候，人们要在热烈爱过之后才豁然开朗：相爱，要体贴也要体谅；爱是接受而不是忍受，是宽容而不是纵容；是相互支持而不是相互支配；是彼此真诚的交流而不是凡事都要交代。

恋爱是为了追求人生的快乐，要让自己快乐，也要让对方开心。所以，恋爱时给对方留一个空间，也给自己留出空间，让彼此在美好的爱情里畅快呼吸，然后再相互交融，构建出完美而舒适的爱。

CHAPTER

♥ 03

爱情是猜不透的谜，学会善待与珍惜

爱情是猜不透的谜，人人为之沉浮，或被吸引于闹市中那忧郁的一笑，或暗恼于不经意中的玩闹。相爱的两个人走进彼此的天空，这场爱的交流可以成为最美的艺术。踏进了你的世界，学会了善待与珍惜，才知道生命还有不一样的精彩。

爱的世界里
没有独角戏

于千百万人中，遇见了你；于千百万年的时光里，遇到了你，这份相遇相爱的缘分，彻底改变了我们曾经的人生。

因为相爱，所以靠近；因为相爱，所以努力去了解对方，也因为相爱，多少懵懂天真的人才慢慢成长、成熟，学会了倾听，懂得了理解。

小区超市里那个欢快的姑娘突然变得沉稳，不再像以前那样爱说爱笑。在小区花园碰到她时聊天，她才说自己失恋了。虽然失恋，她却没有颓废的感觉，每天该干什么就干什么，只是少了点欢笑而已。

悄悄问她：怎么就分手了？她微微笑了一下说，走不到一起，就分手了。他已经回老家那边去了。那怎么就会这样呢？我仍然想问清楚。她甩甩头发，诉说起自己的爱情故事。

在见到他之前，她是个从不知道忧愁和人世疾苦的女孩。她出生在一个幸福的家庭，是家里的独生女，被父母教养得又自信，又开朗。很多人都说她有点男孩子的性格，有点野，有点独立不羁。而他来自南方，是一个忧郁又有些倔强的优雅男生。

第一次在朋友的聚会上碰到他，她就被他独特的气质吸引。她以往认识的男孩子大都跟她一样，性格有些直来直往，很少有他那种优雅的气质。他说话不多，也不怎么笑，可他的神情举止就那么吸引她。那时候的他就像一个谜，她心心念念想知道谜底是什么。

　　那次聚会她也吸引了他。他以前从没见过这样大方爽朗的女孩子，说话风趣，跟男生交谈起来一点扭捏、隔阂都没有。可以说她的活泼吸引了他，而他的忧郁也吸引了她。

　　坠入恋爱的两个人就这么奇怪，他们不自觉地被不属于自己的特性所吸引，然后慢慢接近，慢慢沉迷，而后慢慢影响。

　　两个人像所有互相爱慕的人一样，经过表白后走进恋爱中。刚开始谈恋爱的时候，两个人来往得很开心，他们有一些共同的朋友，经常参加一些共同的活动。那时候她爱说爱笑，他总是静静地听着，由她笑闹。可是渐渐地，她感受到他深藏在内心的忧郁。她发现，他经常接了电话后，就沉默地坐在一边，直到她喊他时，才像是又回到现实里。

　　如果换了其他人，她可能会嘲笑挖苦，说一个大男人有什么好忧郁的。而且她单纯的头脑里想不出有什么事是让人忧郁的。她当然有过不开心，可所有的不开心都很短暂，要么发发火，要么去唱歌、吃顿饭也就过去了。怎么他就能这么长久地不开心呢？

　　如果这个人是其他男生，不是她喜欢的男朋友，她也许早就不理会了。可因为爱，因为渴望进入他的世界，她变得耐心起来。遇到他不开心的时候，她会小心翼翼地询问原因，他要是不愿意说，她就一笑而过。遇到他心情还不错的时候，她会鼓励他说说自己的情况，她希望在两个人的交往中，不只是她一个人在说话。

在她的开导和鼓励下，他逐渐告诉她忧郁的根源。原来他成长的家庭很不幸，有个好赌又不负责任的父亲。他的母亲很软弱，不满他父亲的恶习，却没有办法应对。有时候两个人吵架，却换来父亲对母亲的一场打骂。他还有个正在读书的弟弟，可因为家庭原因根本不思进取。那些让他沉默的电话都是家里人打过来的，不是父亲向他要钱，就是母亲向他诉苦。他之所以远离故乡来了北方，就是想远远地离开那个家，可他还是躲避不开。

听了他的故事，她简直惊呆了。她可没想到原来真有这么不幸的家庭存在。她希望自己能帮他，甚至还跟他去过他家里。经过一番心理的挣扎，他最后选择承担家庭责任，照顾母亲和教育弟弟。他提出了分手，她接受了分手。

"为什么不跟他去呢，既然你那么爱他？"我抛出心头的疑问。

她摆弄着手机苦笑一下："有时候人很无能为力的。我去过他家，他的父母都很不喜欢我，好像我会抢走他一样。他们家现在全靠他了。我鼓励他勇敢面对，已经尽力了。"

"那你就没有什么遗憾吗？"我继续轻轻问。

她笑了，摇摇头，一脸的灿烂："没有啊。能遇见他，跟他有过这段爱情，没什么可遗憾的。是他让我知道，原来世界上除了开心和幸福，还有很多痛苦和无奈。也让我知道，有些责任的确很重，承担起来需要勇气。我理解他。再说，我不想离我的父母太远，他们可只有我一个孩子。"

真是不一样了。原先那个懵懂无忧的女孩子居然懂得体谅父母，懂得理解他人了。

美好的爱情可以让人成长，可以让人变得更加成熟。小区超市的女孩就从自己的爱情里学会了倾听，学会了理解。当你倾听到对方的心声时，你就走进了他的心灵、他的世界。倾听是连接两颗心的奇妙桥梁，是让爱情升华的动力。当你越来越理解对方时，你也就越来越理解这个世界。不管爱情能不能最终存在，它都会让恋爱的人拥有最多的收获。

在爱的世界里，不要只唱独角戏，学会倾听，学会理解，爱情才会变成最美妙的享受和经历，才不会变成双方的折磨和痛苦。

不可或缺的
小细节

很多人认为"细节决定成败"，面试要讲究细节，工作要讲究细节，生活当然更要讲究细节。没错，就是在恋爱中，如果你也能注重一些细节，那么拥有美好的爱情就不是什么困难的事。

朋友小凌最近切实体验了这个道理，她刚刚渡过一场恋爱的小危机，进入到恋爱更亲密的阶段。说起来，她能渡过这爱情小危机，还是靠了妈妈的小提示。

小凌跟男朋友是经人介绍认识的，虽然开端不怎么浪漫，但两个人一见面，就有相见恨晚的感觉，两个人投入得都很快，也很热烈。

刚开始谈的时候，一天好几个电话，没法见面就找时间视频，那个亲密程度简直羡煞旁人。

两个人的恋情迅速升温，朋友圈子也渐渐重合。可是越来越密切的交往逐渐引出很多往常忽略的问题。小凌不喜欢吃羊肉，那个味道她实在受不了。可是他跟朋友们喜欢吃，尤其天冷的时候，总要凑在一起不是吃涮羊肉就是吃羊肉饺子。好多次聚餐，小凌受邀请跟男朋友一起去，在热气腾腾的店里，她只能忍耐着，吃一点青菜土豆，狂喝可乐或者雪碧。

她不说自己不吃羊肉，害怕扫了大家的兴致，扫了男友的面子。可这样的忍耐实在难受，她就找借口离开一下。

小凌喜欢喝粥，喜欢吃水果，还特别喜欢榴莲。有次在超市看到破开的榴莲，她兴奋地想过去挑几块。可刚迈脚，男朋友就拉住她，说那个味道好难闻，还是走远点。

渐渐地，她觉得很多事情，都得她让着他，都得忍耐着压抑自己。他也一样，开始唠叨说这不妥、那不爽。他们吵过几次小架，闹过几次别扭，这让原本甜美的爱情加入了一丝酸涩。

那天又是因为一件微不足道的事起了争吵。她拉着他去逛夜市，在街边的小摊前，她很兴奋。她喜欢这些五光十色样式各异的小玩意儿，每样都想拿起来看看。可他走了几步就乏味了，拿出手机玩游戏，有一步没一步地跟在她后面。

有个卖小玩具的摊，铺面上摆满了各种仿真的玩具动物。小凌扭头看看专心玩游戏的男朋友，突然就想恶作剧吓唬他。她拿起一条草绿色的玩具蛇，软软地扭动着递到男友的眼前。小凌以为他顶多会推开她的手，斥责一句她顽皮，可没想到男友"啊"的一声向后猛退几步，脸色都变了，手里的手机差点甩出去。

小凌哈哈大笑，说："一条假蛇，你怎么就这样。"周围也有人笑了。定下心的男友向身后被撞的人道声歉，脸色尴尬地转身就走。小凌莫名其妙，放下玩具蛇就去追他，问他怎么了。他生气地甩开她的手，只说了一句"这玩笑是乱开的么"，理也不理她就走了。

小凌也生气了，干脆也不追他，自己坐车直接回家。气呼呼的小凌回家后躺在沙发上，跟妈妈抱怨他的脾气古怪。妈妈听完后笑着说："人都有特别害怕的东西，你不就是怕死了的壁虎？你们真该多了解了解对方的习惯和爱好，总生些这样的闲气，那可怎么行。"

回到房间的小凌仔细想想，也对，如果他不知就里拿只壁虎来吓自己，那自己也会气得不得了。小凌给他发了短信，道歉说不知道他怕蛇，才会开这样的玩笑。

这次矛盾后，小凌开始有意地多方了解，发现他的确有很多不一样的小习惯和小爱好，当然也有很多不能接受的小细节。在了解了他的这些小习惯后，小凌就总给自己提个醒，别触犯了他的这些小禁忌。果然，男朋友莫名其妙的生气减少了，而且对小凌总能猜到自己的心意感到惊讶。

小凌觉得也不应该再压抑自己，在他面前就应该做个真实的自己。她告诉他自己受不了羊膻味，不喜欢吃羊肉，他恍然大悟地说："难怪每次吃涮肉，你都时不时地走开。"听她喜欢吃砂锅，他特意推掉了一次朋友聚会，陪她去一家生意红火的店铺吃砂锅。吃饭时，他还说："以后买个砂锅，专门做给你吃。"感动得小凌不知道怎么表达。

就在这些琐琐碎碎的你来我往中，两个人的关系越来越好。他知道了她的喜好习惯，与她相处时就尽量照顾她的习惯，而她也同样处处顾及他。

恋爱是心灵的相通，是情感的交汇，更是生活细节的相交和融合。任何一对恋人都无法避开生活的琐碎而一起生活，所以，了解对方，展示自我，这才是真正有效的交流与沟通。那些生活里微妙的小习惯、小细节总会让我们感受到一个真实的他以及一份真实的爱。

不要再为爱而掩饰自己、压抑自己。最完美的爱情，就是在恋爱中能做真正的自己。那么，就让各自的小习惯、小细节发挥作用，让他了解你是怎样的人，并了解他是怎样的人，让爱情就此变得更加完美。

爱情
因为改变而美丽

　　人有自知之明，知道自己有什么缺点，有什么不足，可人就是不喜欢改变，不想改变自己。然而，爱情是奇妙的，当一个陷入爱情里的人，他却会为了爱而改变。

　　爱过的人可能都体验过，在爱人的面前会不由自主地自卑，一心想在对方面前展现一个完美的自我。爱情因此会让人鼓起勇气，克服那些爱人不喜欢的缺点；在恰当的时候，爱情会给人以恰当的鼓励，让心存上进的人大踏步前进。只要你爱对了人，这一切就可能发生。

　　是从朋友那里听来的故事，听完后觉得完全可以当作感情励志小故事了。

　　那个女孩子长相漂亮，身材高挑，是女孩中绝对出众的人物。她家庭环境很好，学习出色，读本科的四年里，因为专心学业，都没有谈过恋爱。其实不谈，也因为出色的她怎么说都有一些骄傲，身边的那些男同学没有几个能看得上眼。

　　家人宠爱，同龄人羡慕，自己又那么优秀，她怎么说也是任性自我的。她很少迁就别人的感受，很少有耐心为别人做什么事。在她看来，爱她的人就应该完全接受她，为她而改变，而不是相反。

毕业后，她在北京工作，结识了第一个男朋友，是海归博士。不管是相貌还是学识，他都符合她的要求，可他早就养成美国人的生活习惯，喝咖啡、喝牛奶，吃汉堡包，这让长了一个彻底中国胃的她很难接受。既然大家口味不合，那就分，没什么可说的。

第二个男朋友是理科研究生，正在就读。从各方面来讲，他也符合她的要求：长相帅气，又聪明灵活，家境也不错。可是有一点，他希望能跟她赶紧结婚，并且不支持她进一步追求学业。那时候，她想考研究生，进一步改善自己的前途。因为这点不合，他们都不肯迁就，结果还是分。

分手后，她到了上海读研。在读书期间，她结识了现在的男友，一个非常帅气又懂得呵护她的男孩。她一下子将所有的感情都投入到跟他的恋爱中来。

恋爱时，她的任性和自我时不时地冒头，让他感到不快。她也意识到自己有这方面的缺点，可脾气来的时候，就是管不住自己。有一次两个人逛街，路过小吃摊，她没想着要吃它，结果走过去很远，她又想吃，就让他去给自己买一串来。他不愿意走回头路，提出请她吃别的东西，她不愿意，非要他折回去给自己买。她又犯了急躁任性的毛病，好像不吃到那串小吃，就没法忍受一样。两个人当街闹起了别扭，互相不依不饶。

这种琐碎的小事很容易演变成爱与不爱的大问题，任性的女孩子经常用这种小问题来考验男孩，如果他对她的任何要求都答应，那么就证明他一定深爱着她。可男孩子不这么想，觉得这算什么事啊，不吃就不行吗？

她假装生气，可他真的生气了。最后两人吵嘴喊分手，她面子上过不去，就硬着头皮跟他当街各走各的路。

一直没有联系，谁都不肯先低头。一个多月后，她发现自己想他想得受不了，深为自己当初的任性而后悔。恰好他的电话打了过来，冷静了一个多月的两人才再次和好。

经过这次痛苦的分手，她决定要改掉自己的小缺点。可真要改就不那么容易了，首先耐心就是一个挑战。有朋友建议她学习十字绣，做这个活需要很大的耐心，可以锻炼她。这对于从来不拿针线的她来说，真是一个大挑战。几经犹豫，她下决心迎接这个挑战，为爱而学，为爱而改变。

她买来简单的十字绣，从基础学起。第一个礼拜，她多次扔掉手里的针，发誓再不碰那个烦人的东西。可一想到他，她就又拿起没做完的活计，继续干。第二个礼拜，她已经很熟练地配线、穿针，绣图案了。当绣完一个小小的手机袋时，她兴奋得不得了，立刻打电话联系他，要他看自己的"战果"。

他的夸奖和朋友们的鼓励让她继续前进。她买来一个更复杂的十字绣，打算绣一个抱枕。除了上课、实验和跟他见面之外，她一有空就仔细缝制那个抱枕。她耐心地数格子，标出每一个格子然后寻找需要使用的那种线。经过这番努力和训练，她的耐心越来越好，就连做实验都比以前更细心、更有效果了。

在逐渐的克制中，她改掉了过去那种急躁和任性的毛病，她变得体贴，甚至学会了关心他的家人。跟恋人的关系变得稳定，他们很少再为一些微不足道的事情而吵闹。分别很久以后再见到她时，她的父母都说她长大了，更成熟了。

原来，改变并不是不可能。当为爱情而努力学习和改变时，一切都没有那么难。

太多时候，恋人之间的恋情没有进步，最后走到崩溃，就是因为他们不愿意为对方作出改变，不愿意为爱而进步。每一次恋爱，其实都是一次学习和改进的机会，把握这样的机会，让曾经很难的事情变得不那么难，那么爱情不但会变得美丽，就是生活也会更加精彩。

时间撕裂了
暗恋的情感

　　暗恋是一件痛苦的事：那个完美的爱人就在眼前，却无法表露心迹，无法跟他在一起，这该是多么让人焦灼而难受的一件事啊。然而，暗恋有时也会呈现另一种面貌，展现另一种意想不到的好。

　　有位同学向我们讲述她的初恋，她坚持称那是一次恋爱，可在我们看来分明就是暗恋。

　　那还是读高中的时候，她喜欢上了生活在同一个院子里的男孩。那男孩跟她在一个学校读书，比她高一级。原本一个院子住着，经常碰到，她没觉得他怎么吸引人，可在学校组织的一次演讲比赛中，他出尽风头，成了大家瞩目的对象，也突然就打动了她的心。她想起跟他的各种偶遇，想起他往常跟人说话的神情举止，心里就忍不住泛起甜蜜的味道。

　　就这样，她暗暗地爱上了他。她开始注意他的行踪，在小区里拐弯抹角地打听他的情况，还结识了跟他一个班的女生，假装无意地问着他的情况。好在他算学校里的风云人物，追他的女孩子很多，没有人注意到她的暗恋。

　　敏感而多情的年少岁月里，她那么喜欢他，却害怕说出来，怕引起朋友和同学的嘲笑，怕家长们知道了，就没法跟他继续一个院子里住下去。她紧紧守护着自己的秘密，同时又疯狂地寻找各种看到他的机会。

她渐渐知道他是个优秀的男生，长得帅气，那是全院子的人都夸过的；学习成绩好，那是每次成绩排名都证实了的。他不是那种死读书的书呆子，他跟同学们在操场上打篮球，还是学生会的干部，口才当然一流。跟他一比，她自惭形秽，觉得一个简直在天上，另一个则在地下。

她不是刻苦学习的类型，也不是那种个性张扬的女孩，她是那种混在同学中间，谁也不能一下子就认出来的类型。老师很少表扬她，当然也从不批评她。总之她学习成绩一般，长相一般，根本没有什么特长和优点，简直就是平淡无奇的典型代表。

发现了这样的差距后，她很难过，伤心了很多天。像她这样的女孩子，一抓一大把，哪里能配得上他那样优秀的男生呢？可她就是喜欢他，就是抑制不住地迷恋他。

高二结束，她的迷恋达到顶点。那一年她的成绩下滑厉害，往常不大批评她的妈妈都忍不住唠叨她：像她这样肯定考不上大学，只能读个大专什么的，随便找份工作；又举例说她暗恋的那个男生考上了重点大学，真有出息，她跟人家住一个院，读同一所中学，怎么差距就那么大？这话刺中了她心中的痛，她忍不住顶嘴说："那是人家父母有能耐，教育得好。"气得妈妈忍不住伸手要打她。

其实妈妈很爱她，伸出去的这只手只在她的背上拍了一下，她假装生气躲进了自己的屋子。她生的是自己的气，怎么就跟他差那么远，怎么就不如他呢？难道她就没法接近她深爱的人了吗？

一直隐藏在内心的倔强被激发了出来，她一改往日的懒散，开始发奋学习。那个暑假，她看书，看学习资料，勤奋的状态让爸爸妈妈都惊讶。他们以为女儿突然明白事理，知道学习了，当然就大力支持她。

进入高三，她以前所未有的刻苦进入学习状态。那一年她见不到他，不管是学校还是小区的院子里，她只能在回忆里思念他。考进他就读的大学、接近他成了那时控制她的全部念头。她疯狂地背书、做题，空闲时间就搜索他就读大学的信息。

她脑子并不笨，基础也还不错，努力很快就见了效果。她从毫不起眼的位置一下上升到重点培优的地位，同学们羡慕，老师们也开始重视她，这让她自信心大增——原来我也可以优秀。

就这样，她一步一步靠近他曾经所在的位置。一年后，她如愿考上了他所在的那所大学，却选择了跟他不同的学院。她见过读了大学的他，觉得他更帅气、更完美，所以自己只能继续进步，在不够完美的时候就不能接近他。

进入大学后，除了保持功课优秀外，她开始锻炼自己的各种能力。报学习班，参加各类活动，她的潜能被激发出来，很快她就成为同学中的佼佼者，追求者也接二连三地找过来。可她还是决定继续优秀，向他靠近。

她读大三那年，他带了女朋友回家。在小区院子里碰到时，她很大方自然地与他们谈话说笑。她很纳闷自己为什么不难过、不嫉妒。回家后，她静静思索这几年的暗恋经历，忽然明白自己其实已经不爱他了。

他们都变了，尤其是她，她变成了自己原先想不到的一个人，这个人要比曾经的自己更优秀、更可爱。而他已经失去了昔日的光芒，成了一个还算优秀的男生而已，一个她并不熟悉的人。

就这样，一段美好的暗恋故事结束了。问她："难道不遗憾，一直没有告诉过他，你曾那么疯狂地爱过他。"她摆摆手说："有这个必要吗？我现在不是有更大的收获？为什么要告诉他，增添我们的烦恼？难道还要他分手离婚不成？"我们都大笑起来。

接近你，不在乎能不能得到你，这是我这位同学的爱情感悟。她是幸福的，她一点也没有什么可悲的地方。她爱过，真挚热烈地爱过，当那份爱已然消逝，她却收获了美丽的人生。还有什么比这样的爱更美好的？

与其在爱情中痛苦、沉沦，不如在爱情里让自己充实、完美。接近他，接近完美，就算没有他的爱，我们的人生也不会有任何缺陷和后悔。

把爱
写成海洋

　　在这个世界上，很多事情就算通过其他方式了解得再多，知道得再多，也未必能真能理解其中的滋味。爱情就是这样一件事，你听过再多的爱情理论或者恋爱技巧和爱的忠告，也未必能了解爱情的欣喜与甜蜜，或者苦涩与辛酸。

　　爱情有各种姿态，有各种情节和结局，每个人都希望自己的爱情有一个好的结尾。不过，并不是一定要有个好的结尾，爱情才算有意义。有时候，美好爱情的另一重妙用，就是在不知不觉中扩大我们的眼界，开拓我们的交往圈子，让我们的生活变得更加丰富多彩。

　　有位朋友最近恋爱了，谁也没想到她的恋爱对象会是一位还在读研究生的学生。她相当优秀，一直有众多的仰慕者，在她的追求者里有白领精英，有企业老板，都是她工作领域里的成功人士，可她统统没看入眼，就爱上这个还在学校读书的人。要说他除了气质儒雅，将来会有个不错的文凭外，很多方面都无法跟她的那些追求者相比。尤其在经济方面，他几乎一无所有，就靠着学校的奖学金和自己打点零工维持生活。说到将来，他要成功还需走上那么几年，一切都还未知，她怎么就全心全意地爱上他了呢？不过她不在乎别人的看法，只在乎自己的感受，坚持跟他谈起恋爱来。

他们是在一个生日派对上认识的。当时他独特的学术气质吸引了她，他那双充满智慧的眼睛似乎能看穿一切。当他的目光停留在别处时，她就有些发痴地盯着他看，想把他看明白；当他把目光转向她时，她手足无措，慌忙移开目光，脸也微微红热起来。当然，喝了点酒，加上灯光朦胧，没有人看出她害羞，除了他。

他礼貌地过来跟她打招呼，两个人就聊了起来。告别时，她给他留了电话，希望有机会再联系。当天晚上，他的短信就来了，问她是不是安全到家。她看着短信，甜蜜感就从心里漾到了嘴角。就这样，从认识，到日常的寒暄，再到最后正式约会，他们经历了恋爱的常规步骤。是谁最先表白的，他们都说不清楚了。也许心意相通，就根本不需要语言来传递，爱就会开始。她记得他们第一次拥抱时，天空好像奏起了音乐，她陶醉得整个人都飘了起来。

从此，他们的生活都发生了变化。他是理科男，学的是相当前沿的生物专业；她是典型的文科女，学的是犹如"万金油"一样的文学专业，工作是社交很广的公关行业。她结识了他的同学，有时跟他去听讲座，不懂的地方，他就耐心讲给她听。他让她知道了很多前沿的科学知识，让她了解了理科生的生活，并且渐渐锻炼出有条理的理科思维；她讲给他很多工作上的事，包括人际关系的处理技巧，这让他意识到自己的情商需要提升，于是开始阅读一些社会学书籍。在恋爱时，他们两个人完全放开了心胸，努力融入对方的生活，努力从对方那里学习新的东西。

可是，毕竟一个还读书，一个得按时按点地常规上班，两个人的相处时间没有一般情侣多。我们问她这样会不会觉得失望，会不会产生恋爱得辛苦的感觉。她坦然说，并不觉得有什么问题，这样不是很好吗？各自有各自的活动天地，又能跟对方进行交流，这种适宜的距离不是比整天黏在一起更好吗？

我们佩服她的想法，更佩服她如此自信又自然的态度。恋爱，不一定要把对方绑在身边，也不需要把对方拉出自己的圈子，而进入两个人狭小的范围。爱情可以把两个人的群落连接，交互作用，相互影响，从此扩大双方的眼界和人生范围。

事实证明，她的想法是不错的，她的做法也正确。两年后，男朋友毕业，当其他人还为找工作而烦恼时，他却以成熟的与人交往的技巧赢得了面试官的认可，顺利就业。而她也因为广泛的知识和有条理的理科式思维，在工作上取得一个又一个成就。

自私的爱会让两个人局限在狭小的范围里，变得越来越狭隘。然而真爱可以促进两个人的进步，让恋爱的双方都从对方那里获得开拓自我、提升自我的机会。

放开心胸，接受他的天地，那么你就会看到不一样的天空；同样，向他展示你的世界，让他明白你有多么丰富和多彩。相爱，就要拥有更广阔的天空；爱你，也为了更广阔的天空。

CHAPTER

♥ 04

爱的宽容与极端、盛放与凋零

爱情的路上，也许是一场极为平常的相遇，就会产生一次未能预知的心动。然而其间的千姿百态、纠缠牵连，所有的快乐与伤悲、宽容与极端，在月夜静思之时，才能揣摩出未来的结局，是繁花般地绽放，还是纷纷凋落。

"情圣"
未必深情

有人说，男人来自火星，女人来自金星，根本就不是一个星球上的生物，要想理解对方还真是难。可是，总有那么一些人例外，他们很容易就获得异性的喜爱，很懂得异性的心理，相比于那些在爱情里摸不着头脑的人，他们简直就是"情圣"，任何爱情都可信手得来。

情圣多情，与他们恋爱，会让女孩子感受到浪漫与温柔，感受到爱情的美好，这要比跟那些傻乎乎、什么都不懂的男人来往顺心得多。可是，情圣未必是深情的人，当你爱到深处，发现自己不过是他众多"妹妹"中的一个时，曾经的香醇美酒就可能会变成一杯酸涩的苦酒。

刚进公司不久的同事就经历了这么一场恋爱，她死心塌地地爱着一个"情圣"，结果伤痕累累，只好只身跑到这个遥远的城市，来躲避那段感情。

我们在同事聚会时一起躲在一角聊天。嘈杂的音乐声里，喝了几杯酒的她有点控制不住情绪，拉着我开始诉说那段伤痛。

她一开始并没有看中那个男人，也没想过会跟他谈恋爱。他长相英俊，但个子不高，不是她想象中的完美爱人。

他们是经过朋友介绍认识的，一见面，健谈的他就给她讲起各种有趣的故事，其中不乏一些带色的小笑话。她觉得男人都有这点爱好，就没有当一回事，没有什么不满的表示。实际上，她对他的初次印象并不怎么完美。

后来经常跟朋友们一起玩，也经常跟他见面。她容貌俊秀，身材丰满，属于男孩子比较喜欢的类型。自然而然地，他开始追求她。

对于追女孩子，他实在太有经验了。他能感觉到她的情绪变化，见她微微地抗拒，并不着急，而是慢慢地接近，让她丝毫没有被追的紧迫感。他给她讲自己的缺点，说自己就是好色，喜欢漂亮的女孩子，尤其像她这样宛若女神的女孩。他非常坦诚，又巧妙地夸奖了她，她表面上不动声色，心里却充满了欢喜。

在以后的来往中，他用了一些小小的追求伎俩，让她彻底爱上了他。她觉得他风趣、幽默，懂得女孩子的心事，会照顾她，让她没有丝毫烦恼。至于他说自己好色，那其实就是一种玩笑。再说哪个男人不好色呢？有多少人根本不敢说出来，这也是他的直率。

她完完全全陷进了他的温柔爱情中，毫无自拔的能力。跟他确立了正式的恋人关系后，他们住到了一起，就像甜蜜的小夫妻一样。

最初同居的那段时间，她丝毫没有发觉异常，而且两个人相处得非常融洽。可是后来，她发现他刻意隐瞒自己的行踪，经常推托说要去出差，至于去哪里，却从不告诉她。

这奇怪的举动引起她的怀疑。她通过偷偷地观察和了解，发现他背着她跟其他女人约会。这是她无法接受的事。他经常说男人都花心，花心一点也没什么关系，只要他对老婆好就成；一般男人是不会丢下老婆不管的，她现在就是他的老婆。这些话她曾经听了不在意，以为也是哄她开心的笑话，可一旦发现他真的花心，就忍不住恼火。

她爱他，这爱让她盲目以为是那些女人主动追他，而不是他的问题。因为他那么爱她，不可能背叛她的。有一次，她跟踪男友抓了个现场，在宾馆里堵住他们。她指着另一个女人大骂她不知羞耻，追别人的男友。他匆忙拉走了她，指责她心胸狭隘，太喜欢吃醋，让他当着别人的面下不了台。

她气晕了，大哭起来，说要不是因为爱他，她会变成这样吗？她以前，哪里这样公然发过脾气？他转而温柔地劝慰她，哄她，并按她的要求发誓再不跟别的女人来往。

可要这样一个"多情"的男人只专情于她，实在只是一个奢望而已。没过多久，她就发现他又有了一个小情人，还是在校的学生妹。这让她又一次歇斯底里，跟他大吵大闹。他反过来说她就是一个自私而充满醋意的女人，说她根本就不爱他；如果她爱他，就该爱他的所有，包括他的"多情"和他的那些女人。他还说那个学生妹明知他有女朋友，却照样跟他来往，人家那才是真爱他的心胸。

听完这些话她愣了，愣了好半天都回不过神。怎么他的背叛反而成了她的错呢？

气愤中，她不理会他的挽留，搬出了他的住处，也不再接他的电话。冷静了一阵后，她去找那个学生妹，客气地问她为什么要跟他在一起。那天真的学生妹告诉她："他早都不爱你了，是你一直纠缠着他。他怕你伤心，才勉强维持你们的关系。"

"这是他说的吗?"那女孩肯定地点点头，又说："我才是他的真心爱人。你就放过他吧。"

她冷笑起来，说在跟她正式恋爱的这段时间里，她可见过不少他的"真心爱人"了。说完他起身离开，走之前给那女孩说："他自认为是情圣，不属于任何人的。你可要想清楚。另外，我现在已经跟他彻底分手，没有任何关系了。"

就这样，她辞了那边的工作，换了城市，也希望能换一份心情。

无可否认，很多花心的多情男很懂女人，他们会带给女人想要的美丽感觉，那种被爱的感觉。可是任何温柔的外衣也裹不住这样一个残酷事实：四处留情的他又怎么能专情于一个人？要爱这样的男人，就得要有成为他的过去的准备。

新同事不想再继续这样的爱，她想要一份踏实稳定的感情，不想再处处留心他的行踪，忍受他的背叛。这次分手让她很痛苦，因为她真真实实地爱上了他，却得痛苦地把他一点一点赶出自己的生活。

能够结束这错误就是勇敢的。我举起酒杯，跟她轻轻碰了一下："你没有错，这也没有什么可遗憾的。你应该庆幸自己摆脱了一段糟糕的爱情，庆幸自己看清了爱情的谎言。"

一切痛苦都会过去的。该了断的时候就要坚决地了断，与其在他的背叛和荒谬指责下痛苦地度过整个人生，不如早日放弃，开始自己新的情感征程。他也许可以毁掉我们人生中的某一段岁月时光，但不可以让他毁掉我们的整个人生。

情圣未必深情。深情的你还是离开最好。

晒到阳光的爱，才能成长开花

如果要恋爱，怎样的恋人才算完美？可能很多人都想过这个问题，但即使想过，也未必会在脑海里形成一个具体的形象。你或许会说，我要跟一个帅气的人谈恋爱，我要跟一个聪明的人恋爱，但怎样的帅气、怎样的聪明你都不清楚，只是茫然地寻找着。直到你真的陷入恋爱，却发现，他跟你的所想差距蛮大，可你还是会全心全意地去爱。

很多时候，我们碰到的恋人很可能是我们不曾想到的一个人，也许会痛苦，却依旧要爱。

小表妹一直是个乖乖女，她曾想象过各种各样的恋人，以及各种各样的爱情经过，但一直没有正经谈过恋爱。顺利地毕业工作后，家里人开始催促她赶紧找个男朋友。

她不是不找，也不是不想找，她就是想等那种爱的感觉，那种一见面小心脏就扑通扑通乱跳的感觉。工作两年多以后，她终于碰到了这种感觉，只可惜，对方不是她想象中的那样。

他是她的一个客户，需要经常见面。第一次见面，他们就有相见恨晚的感觉。只可惜，他已婚，而她还不曾好好恋爱过。

"恨不相见未娶时，"他这样对小表妹说，说得小表妹心里又酸楚又感动。按照小表妹的要求，这个人会因为已婚而被一票否决，可她就是无法从自己的感情里抽身而出，反而一步步地陷了进去。

工作之余，他们偷偷约会，周末也偶尔见面，看一场电影，或者去稍微远一点的地方游玩。他很少提自己的老婆，小表妹也没见过她本人，包括照片。对她来讲，他老婆就像小说中的抽象人物，好像存在，但又不那么真实。然而，这个小说人物偶尔还是会冲进她的世界。当她正跟他约会时，电话响起，她就能听到那个"小说人物"远远传来的声音了。

她听说他们的感情不是很好，他的老婆很强势、很泼辣，他不敢提离婚的要求，只好一味请求她给自己更多时间。小表妹曾想过分手，可几天不见，思念就会推着她走到他的公司楼下。

就这样甜蜜又烦恼、欢乐又痛苦地纠结了半年多，家里人发觉她有点不对劲儿，介绍的对象一概不见，就连提一下婚恋的事，她都火大。于是大家让我去跟她聊聊，看看她究竟是怎么回事。

我答应不告诉任何人，绝对站在她这一边，她这才慢慢说出了自己的秘密。她很痛苦，也很矛盾，不知道究竟该怎么办。能碰上这样让她动心的人不容易，她不想轻易放掉。可是他已婚的身份显然不能给她一个光明的未来，至少目前还不行。

难道就要让自己的爱情永远躲在黑暗里，见不得阳光，见不得众人吗？就算这样的爱情再真挚、再甜美，没有阳光的照耀，它也注定会枯萎凋零，而不会成长开花。可是，难道要逼他离婚，为此两人吵个天翻地覆，或者去跟她的老婆当面对话，让她自动离开吗？这听起来都幼稚可笑。

在每一场爱情里，我们能决定的只有自己，我们能绝对掌控的也只有自己：我想留下，或者我要离开。就算我们可以要求别人离开或留下，那也不能代替别人的决定。我告诉小表妹，如果你们真的相爱，你应该要求自己正当的身份和地位，但你不能去向他老婆要求。他们夫妻的关系问题如何解决，那是他们的事，是他们的问题。所以，你不必参与他怎么做，而只能要求他给你一个明确的结果和答复。如果他不能给你正当的身份和地位，那就应该放开你的手，让你走，让你去寻找该得的幸福。

小表妹沉默了，陷入思考中。这场恋爱里，是该他作决定的，是该他作出选择，给两个女人一个准确答案的，而不是她们两个女人来决斗的问题。小表妹点点头，表示同意，她不想再这样无望无谓地耗费下去了。

几天后，接到小表妹的电话。她伤心又气恼地说，那天下午请他一起吃饭，选的地点在他上班的附近。他虽然来了，却紧张不满，害怕碰上同事或熟人。他边吃边埋怨她太不谨慎小心了。吃完饭，他不肯在街上走一走，急于乘公交车离开。她生气了，难道他们的爱就这样见不得人，就得这样遮遮掩掩着？他连在众人面前承认爱她的胆量都没有，她还能指望什么呢？就在那天晚上，她向他摊牌，如果他们的爱还得这样遮掩着进行下去，那么她选择结束，选择离开。

对于初次陷入恋爱的小表妹来说，这个决定是痛苦的，那毕竟是她真心喜欢的一个人。可这种偷偷摸摸的爱让她屈辱，让她羞愧和难过。她希望自己的爱情能让所有人知道，能接受所有人的祝福，而不是这样昏暗的地下情。她希望那个爱她的人可以随时陪伴在身边，而不是从某个女人身边把他拉过来。既然如此，那不如结束，结束让自己痛苦的感情。

这种不能晒到阳光的爱最纠结、最磨人，它悄无声息地让你荒废了大好时光，丧失了爱的信心，还看不到自己爱情的未来。与其等待一个毫无希望的未来，不如彻底将它埋葬。整理行囊，再次上路，阳光灿烂的地方，必定会有另一份美丽爱情在等待着你。

戒掉空想的爱情

没有人一开始就对自己的爱情抱悲观态度，也没有人会觉得爱人会越变越糟。在他们的眼里、心里，所爱的那个人一定会越来越出色，越来越光彩夺目，至于他那点小小的坏习惯、坏毛病，都根本不算什么。总有一天，他都会改掉的。

然而，残酷的事实却常常是，你的爱人根本没有改变，他没有为你作出牺牲。那些看似不起眼的坏习惯、坏毛病也未必只是坏习惯那么简单。曾经炽热的感情被一点点降温、冷却，在残存的温情上，最后再涂抹上悲伤的色彩，让人彻底心灰意冷。

对面的房间曾经空了很多天，原来居住的那对夫妇搬走了。安静一段时间后，对面住进了一对年轻恋人。女孩子个头不高，圆乎乎的脸总是微笑着。男孩子则瘦瘦高高，表情有些严肃。

上下班的时候，经常在楼道里碰到女孩子，慢慢开始打招呼，后来就偶尔聊聊天。知道了她跟他是老乡，两个人在这大城市里相逢，因为特殊的亲切感，就从老乡变成了恋人。

看得出来，她很爱他，每次提到他笑容都是暖暖的感觉。他做销售，工作不那么规律，还经常在外面跑，比较辛苦。她找了份售货员的工作，比较规律，经常先回家打理租住的房子，力求给他提供一个温暖的休息港湾。

刚开始的那段时光平静而美好，但后来发生了变化。有好几次，天已经很晚了，却听见对门传出嘭嘭的声音，像是什么碰在墙上，又像是什么东西倒了。

渐渐地，女孩子的笑容少了，碰见时她还会微笑着打招呼，但那种洋溢的喜悦感没有了。随口问她晚上怎么会有嘭嘭的声音，是不是他们吵架打架了。她不好意思地笑着说：“没有。是他喝醉了，回家来东倒西歪，我扶不稳，就撞翻椅子了。”

他经常喝醉吗？听了我的疑问，女孩子的情绪明显低落，她声音低低地回答：“他说做销售，难免要陪客人喝酒。其实他不醉的时候，是很好的一个人。”

这显然不是一个让人满意的解释，而她明显是用这个解释来安慰自己。

停顿一下，她又笑起来，说：“等我们赚够了钱，自己开家小店，他就不用再应酬喝酒了。”

她还爱着他，希望他能改变这样的情况。我也希望他们将来能这样。

可是，喝酒显然不只是应酬，也不止是这个男孩的一个坏习惯而已。他明显有酗酒的倾向。此后，他醉酒的情况越来越多，有天晚上在门口就折腾起来。听到各种响声，我打开门发现烂醉如泥的他靠墙坐在地上，已经昏昏欲睡。她则费力地想要叫醒他，又是拉他的胳膊，又是拍他的脸颊。以她小巧的个头，显然没办法把他弄进房间去。

我帮她扶起那个醉酒的人，送进他们的房间。一躺倒在床上，他就毫无知觉地睡了过去，衣服上还残留着呕吐的痕迹。

丢下那个喝醉的人，她坐在沙发上忍不住流泪。我不好直接走开，帮她倒了一杯水，劝慰她几句。

原来，他除了喝酒，还有好赌的习性。他的销售业绩算不错的，拿到过好几次奖金，可他很快就在牌场上赌输了钱，因为不开心，就又喝得烂醉。

"这样的人，你相信你能改变他吗？你相信他爱你，会爱到戒断这一切坏习惯和不良嗜好的程度吗？"女孩子沉默着不说话，看不出来她有没有这样的信心。

任何改变都是从内而外地改变，外部力量和环境可以促进一个人的转变，但从根本上来讲，也得这个人接受外部力量的作用，然后改变。所以，当他根本就没有改变自己的意愿和想法时，我们的一切努力都可能是空想和幻想。

我没有资格也没有权力让女孩子放弃她的爱人，那是该由她来作决定的事。但我希望她能明白这其中的道理，这关乎自己一辈子幸福的道理。

几天后，他们的房间突然停电。女孩子来敲我的门，想借一百块钱交电费，他们的钱都拿去还他的债务了。这种乞求的处境让她尴尬，她红着脸再三肯定地告诉我，还有五天她就发工资了，到时一定会还钱的。

我拿出一百元借给了她，心里对她的处境无限同情。

几天后，她敲门来还钱，淡淡的笑容里似乎又充满了生活的自信，有一种无法言说的坚决。我不知道她碰到了什么情况。

接着一连几天，我就没再看见她。有天碰到她的男友出门，就忍不住问："怎么好些天不见你女朋友？"他低着头，含混地回答一声"她走了"，就匆忙地下楼去，留下一股淡淡的酒味。

再过了好些天，男孩子也搬走了。一切又变得安宁，似乎那所房子里没有发生过这样一段爱情故事。

不知道那个女孩子终究去了哪里，也不知道这个男孩子会不会最终改掉自己的坏习惯。但是，他不曾为她而改变，对她来说，那就意味着他不想为她而放弃自己的习惯。

所以，也许他的醉酒、他的好赌都不仅仅只是坏习惯，而是他根本没有真的爱上她，没有为她而改变的决心和行动。

离开他，让她离开，这也许是他们这场爱情的最好结局。

有时
坚强扶不起软弱

台湾歌手彭佳慧在一首歌里唱道："你说是我们相见恨晚，我说你对爱不够勇敢。"

站在不同的立场，同一份爱情也会有不同的模样。不是每一个人都有勇气去爱，都有勇气为爱而斗争，也不是每一个人都会坚定不移地走下去。在爱情中，有时并不相见恨晚，而是太多人不够勇敢。

同事讲过一个故事，就是她出色的女同学最终败给了一份怯懦的爱。

她说那女孩子天生聪慧，长得秀气可人。不过按照一般的标准，她有个很大的缺点，那就是身高有些偏矮。可作为女孩子，这个缺点算不得什么了不得的大问题。

女孩子在大学校园里结识了男友。男孩子被她聪明睿智的言谈吸引，也被她活泼温和的性格吸引。他不在乎她的身高，跟她谈起了甜蜜的恋爱。在毕业分手的大潮中，他们两个人决定继续走下去。

为了他，她留在了他家所在的城市。离开校园，陌生而纷乱的环境取代了校园的温馨和平静，紧接着就是严酷的竞争和忙碌的工作。她原本可以回到老家，在家人的帮助下找份轻松的工作，但为了爱，她坚决留下来，跟他一起面对各种苦难和挫折。

骨子里，她是要强的，也是意志力比较坚定的。虽然那个城市充满了不确定，充满了难以预料的意外，但因为有他在，她就感到安心，感到自己并不是孤独一人。

他们的爱情原本一帆风顺，谁也没想到以后会风云突变。

经过两年多的努力，他们的工作都进入平稳状态，可以谈婚论嫁了。那年过年，他们将对方带回了各自的家，介绍给自己的父母。女孩子的父母对未来女婿没有意见，尽管他们觉得这个男孩子不算出色和优秀，配不上他们心爱的女儿。男孩的父母却不同，他们很热情地招待上门的女孩，嘘寒问暖，了解她家里的情况，处处观察她的举动。

见家长结束后，她以为自己的言谈举止相当得体，没有差错，而他的父母那么热情，对她应该是满意的。看来结婚应该不成问题，他们需要做的就是准备婚礼了。可意想不到的是，当听到他们决定结婚时，他的父母坚决反对。老两口私底下打了很多电话，要儿子跟她分手。他们不喜欢她的理由十分简单：她的个子太矮，将来会影响孩子的身高。

如果是其他原因，也许还好说，但这个由基因决定的因素，她就是想改也没法改。

刚开始，她不知道他的父母嫌弃她的身高，以为有别的理由。他跟家里人沟通，希望他们能答应他，可他固执的父亲和强悍的母亲就是不松口。为了让儿子放弃，他们发动亲朋来"围剿"他，各种各样的劝告从他的耳朵里进进出出，瓦解着他的意志。他动摇了，觉得违抗父母的意见没有好处。他一向都是听从父母的，在这件事上，他已经坚持了，虽然并没有真正地坚持到底。

他向她摊牌，说明家人的态度。她伤心、气愤，可是又不愿意轻易丢弃多年的爱。她鼓励他："咱们的感情这样好，也许你的父母只是一时失望，觉得我不是他们理想中的儿媳妇。但结婚后，他们就可能接受我，发现我的优点而不在乎我的身高。"

在她的鼓励下，他继续跟家里商议。可后来，他的母亲直接打电话给她，要求她主动离开。接完电话，她泪如雨下。长这么大，虽然很多人取笑过她的身高，就连她自己也偶尔会调侃一下，可她从没觉得自己的身高会带来羞辱。

哭过之后，她冷静地告诉他：只要他不跟她分手，那么她愿意跟他在一起。她不惧怕他母亲的指责和挑剔。

那时他很感动，很想跟她在一起抗争家里的这点小偏见。

然而，经不住家里人各种反对和劝说，他又动摇了。五一放假，他回家几天，母亲又再次劝阻他，还说了一大堆威胁的话：要是他们结婚，就不认他这个儿子；她要去找女孩的家人，让他们把自己"不要脸"的女儿领回家。

他受不了家人的这种威逼，返回后又向她提出分手。他哭了，说自己实在不想这样扛着了，不想再跟家人这么闹腾下去。

看着他毫无勇气的模样，一向坚强的她渐渐觉得全身冰凉，心也冷了。她冷静地思考一天后，回答他："我接受分手。"

这种情况下，她再坚持又有什么意义呢？她无论多么坚定不移地守卫在他身边，但他已经放弃和妥协，那么她的爱、她的坚持还有什么意义？在他的家人看来，那不过更证明是她纠缠自己的儿子罢了。

她坚决离开了，没有留恋，没有回头。她回到老家那边，经过一年多的调整和修复，继续投入自己的生活。

后来他在家人的安排下相亲、结婚，已经生了孩子，可他却在同学间辗转打听她的电话和消息。他的婚姻生活并不幸福，也许他希望从她那里得到些安慰。她没有回应他，对他想要联系的意图置之不理。

我们感慨这个女孩子的勇气可嘉，赞叹她坚决的决定。他如果软弱，如果不那么坚定，就算她再坚强、再有勇气，又怎能承担起他本应抗争的压力？

人们常说爱会给人以勇气，这是不错的。一个懦弱的人如果真的陷入爱情，也可能表现出惊人的勇气。但是，一个真正怯懦的人，一个不能爆发出这种勇气和勇敢的人，又怎能让人相信他的爱，相信与他在一起的未来呢？

所以请记住，你的坚强属于自己，你的勇气可以感染他、激励他，但绝对无法替代他，无法让他真正坚强。如果他是一个怎么也鼓不起勇气跟你并肩战斗的人，那么就对他说："请放手，让我离开。"

离开他，离开这怯懦的爱，才不会辜负爱的勇气。

爱不需要
飘忽不定的暧昧

　　有人说，喜欢是淡淡的爱，爱是深深的喜欢。爱跟喜欢之间，似乎从来没有明确的分界线。很多人都是从那么一点点喜欢，慢慢变成了深深的喜欢，也就是从有那么一点动心，到最后深深地爱上对方。

　　现代爱情里，人们最纠结、最难搞明白的就是他究竟只是喜欢自己，还是真的爱自己。因为喜欢和爱已经有了区分，尽管它们还那么千丝万缕地联系在一起，但我们经常可以听到的还是：我只是有点喜欢你，并不是真的爱你。

　　那么，碰到一个飘忽不定的人，遭遇到一场喜欢与爱无法区分的感情，究竟该怎样去面对？

　　听过一个女孩的故事，她碰到的就是这样一个恋人。那时，他们在同一家公司上班，两个人很聊得来，什么话题都能聊，从读书到曾经谈过的恋爱，再到评论某部电影，还有八卦领导和同事们的小故事。

　　他们在工作之余也见面，周末叫上几个朋友或同事，一起爬山，逛公园，或者就是吃顿饭。后来，他单独跟她见面，一起看场电影，一起逛逛商场，但他从来没有表现出追求她的迹象，永远都是朋友相称，他甚至叫她哥们儿。

他有着健美的体魄，长得相当帅气，对女孩子总有一种保持适当距离的客气。他不像一些男生，见了漂亮女生就献殷勤，让她瞧不上眼。他似乎有种年轻男孩没有的冷静和自控力。她的性格则有点男孩子的倾向，不像一般女孩子那么感性、那么多愁善感。她思维敏锐，有很强的逻辑性，跟他谈论起高深的问题，一点也不输给他。他喜欢和她吵吵嘴，争执点小问题；她则不在意他偶尔的冒犯，不计较他一些大大咧咧的毛病。在公司里，他们这种友好关系是大家都知道的。有人问起他们是不是在处对象，他们竟觉得这个问题真好笑。

他从来不承认他爱上了她，而她也不敢肯定他真的爱自己。

这样相处了一年多，人们发现他们没有更进一步的密切关系时，自然认可了他们只是朋友的说法。然而，她对他有些动心了，总想找一个验证的机会，看看他是不是真爱自己。

当有人问他喜欢她吗，他会回答："当然喜欢，她长相不丑，身材又好，那么聪明的一个女人，当然喜欢了。"她听了心里喜滋滋的，结果他又加一句，"是个正常人，都喜欢啊。难道你不喜欢吗？"反问得问话人无话可说。

他究竟爱不爱她，这成了让她头痛的问题。经过几次没有任何结果的试探，她始终觉到他飘忽不定，难以捉摸，于是决定相信他并不爱她，开始接受朋友们相亲的建议，跟其他男人见面。

有那么几次，她推掉了跟他的约会，转而去见朋友介绍的人。有天在电影院，她跟相亲对象偶遇了他。那是他们常去的影院，不知不觉中，她领着那个人就去了。

见了面自然要打招呼，他异常热情地跟她说话，还故意说："哦，你不跟我来看电影，就为跟他啊？"说完这个，他又转头对人家说"你别在意，我们是铁哥们儿。本来说今儿一起看电影的，结果她决定跟你来。"

不知为什么，她觉得他的表现有些嫉妒的味道。难道他心里真的喜欢自己，只是不好意思表白？这想法让她心里充满甜蜜，甚至都忽略了那另一个人的反应。

出于礼貌，她跟相亲对象继续进行那天的约会，但最后肯定告吹。她决定找机会直接向他问明情况。

周末的时候，她主动约他一起逛街。坐在街边一个椅子上，她琢磨着怎么问才好，是直截了当，还是拐弯抹角。就在她还犹豫时，迎面走来一个人，跟他打招呼。两人说了几句还没说完，他的手机响了。他走到一边去接电话，那个熟人就坐在她的旁边，随便问了一句："你是他的新女友？"她笑了，敏锐地回应："他有很多女朋友吗？"那个人笑着说："也不是。总之他认识的女孩多，我们也搞不清他有没有女朋友，所以见了跟他在一起的女孩，都这么问。"她回答："既然这样，那我肯定就不是他的女友了。"

刚说完这几句，他走了过来，两个熟人又寒暄几句，那人就离开了。他问她："刚才你们说什么了？"有些发愣的她猛然反应上来，顿了一下，说："他问我是不是你的女朋友。我觉得应该你来回答。你说我是不是呢？"

"是啊，当然是。"他爽快地说。她愣了，盯着他看，想搞明白这句话的真实度。他忽然哈哈大笑，说："女性朋友啊，瞧瞧你那表情。你该不会真爱上我了吧？"

看到他玩世不恭的笑容，她突然很不爽，一本正经地问他："你是不是根本不爱我，或者说你还蛮喜欢我，但是我并不是你那个想要的爱人？"

他收起笑容，有点犹豫地看着她，问她怎么会这样问。她固执地追问他是不是。他点了点头。

突然间一切都明朗了。她明白自己该怎么做了。她说声再见，起身要走，他喊住她说："我真的挺喜欢你，可为什么一定要是男女朋友的关系呢？我们这样不是很好吗？"

　　她笑了一笑回答道："很好啊，我只是不想再玩了，我想回家。"

　　那一夜，她思考了整整一个晚上，最后下了决心。第二天，她递交了辞职书，换了另一家公司。他曾给她打过电话，但她没有接。对于这种飘忽不定的爱，她宁愿斩断，不留痕迹。

　　爱情容不得无聊的暧昧，也不需要含混不清、朦胧不定的关系。每个人的青春都很短暂，暧昧只会浪费美好的时光和情感。没必要陪一个没有真情实意的人玩暧昧游戏，也不需要留恋这样一份飘忽不定的感情。

　　淡淡的喜欢，要么最终变成深深的爱，要么就彻底飘散。含混而暧昧的态度不能成为玩弄情感的借口。要爱，就要承担起爱的责任；要爱，就要明白清楚，绝不能含混不清。

疯狂的倒影
也是伤

人人都有年少时，人人都可能碰上为爱而发晕的时候。深深地爱上一个人，陷入爱的迷雾中，很多人就再也看不清对方的真实面目，只要能得他的眷顾，看到他的笑容，世界上的一切都不再重要。

这样的爱很盲目，却相当热烈；很幼稚，却固执难变。沉迷在这样的爱情当中，人最容易迷失自我，最容易受到伤害却不自知。直到有一天、某一刻，才突然醒悟：原来，我一直在自欺欺人，以为我深爱的人也爱着我，其实他爱的不过是自己而已。

一位颇有体会的姐妹告诉我，她就在最美丽的年华，疯狂爱上了这样一个人，才深深懂得了这番道理。

这位姐妹算得上是"外貌协会"的成员，对于长相英俊帅气的帅哥简直没有抵抗力。在一次企业聚会上，她一眼看到剑眉星目的他，就跟被闪电击中一样，浑身都震颤了起来。她痴痴地盯着人家看，一点都不避讳。直到对方被盯得不好意思，举着酒杯走过来跟她说话，她才回过神。对方举起杯子跟她打招呼："你好，美女。能认识一下吗？"她激动得笑容都有些不自然，赶忙举杯跟他碰了一下，然后做了自我介绍。

两个人相识后，她辗转找到了他的电话号码，给他打电话，发短信。开始是一些没话找话的短信和电话，要么请教一点工作上的问题，或者问一些所谓人生哲理的问题。他表现得很有君子风度，每次都会客气地回答她，但从不做过度的延伸。联系了几次之后，她鼓起勇气约他周末见面，他居然答应了。

两个人见面吃了饭，一起去公园散步。在温暖的阳光下，徜徉在灿烂似锦的花丛中，她再也忍不住荡漾在心中的爱，低着头怯怯地说："I love you."他愣了一愣，反问："你说什么？"她才红着脸又说："我很喜欢你。"然后满脸微笑，满脸期待地看着他。他也笑了，靠近来，伸出双臂抱住了她，深深地吻了她。

刹那间，她觉得天旋地转，整个人都软在了他的怀抱里。那是一个很长、很热烈的吻，让她几乎喘不上气来。

如仙似幻的一阵眩晕过后，她才发现自己已经跟他坐在了公园的长椅上。他问起她的一些个人情况，就好像什么都没有发生一样，可她的世界全变了。

阳光更加灿烂，风儿而更加轻柔，就连花花草草都似乎绽开笑容，嘤嘤嗡嗡地低语着祝福她。她实在是太幸福了，她觉得这个吻足以证明他也爱着她。

接下来的日子里，她陷入疯狂的迷恋中，他的任何举动都那么可爱，他的话也句句那么动听。可是现在冷静地回忆，她才发现，他从来都没有说过爱她、想她之类的甜言蜜语，他爱自己都不过是她的幻觉而已。

可是他没有拒绝她，也没有明确告诉她他根本不爱她。在两个人那一吻之后，他明显掌握了交往的主动权。他告诉她不要再随便给他电话，发短信是可以的，但要不要见面，他会找她的。她晕晕乎乎地点头答应，想都没想这里面的原因。他有说自己工作比较忙，但这也不能成为剥夺女友联系自己权利的理由吧。

就这样，她有了什么新奇想法，想要告诉他，就只能给他短信。有时候非常非常想念他，也不敢打电话，只好一遍遍地发"我好想你"的短信。她等待着他的传唤，就像深宫中的妃子等着帝王召见一样。

他偶尔约她见面，两人甜蜜约会，后来他去她的住处过夜，却从来没让她去过他那里。她觉得自己的爱情很完美，晕晕乎乎地陶醉在自己的爱情里。这时，一个朋友的一番话惊醒了她。

朋友听她说了很多次自己的爱情和恋人，就要求她把他带来让大家都见见面。她犹豫了："他不喜欢见朋友。我都没见过他的朋友。"

"为什么不肯在朋友面前承认你呢？他是真的爱你吗？"

面对朋友的疑问，她天真地回答："他肯定爱我啊。要不然他为什么约我见面？"

朋友"噗"地笑了，对她说："男人爱一个女人，会渴望跟她见面，跟她亲密接触。可男人见一个女人，跟她亲密并不能代表他爱她啊。也许有其他原因让他这么做，比如空虚寂寞，比如只是想要娱乐一下，更或者，他只不过喜欢你对他狂热的崇拜和爱慕，见面就为了满足享受这种感觉的需要。"

她愣住了，嘴里说着"你瞎说"，可心里有些不知所措了。

再次见面时，她一再追问他究竟是真的爱她，还是只因为她爱他。他很不耐烦地说这有关系吗？只要她开心，她愿意就行啊。

她低头沉默了片刻，轻声说："我更愿意你是真的爱我而跟我在一起。"

他轻轻哼了一声，不置可否。这种态度让她狂热的头脑冷静下来，她思索起两个人往常的交往来。她发现自己从来没有主动权，没有过问他生活的权利和机会。她送他礼物，为他准备小小的惊喜，但他从来没有这样做过。两个人见面，作决定的时候，都是他说了算，而他从来不问她的感受和想法。在爱情里昏头昏脑时，她没在意过这些。现在却发现，他从来没有为自己花费过什么心思。

真正爱着一个人的时候，怎么会不考虑对方的感受，不为对方着想呢？她彻底明白，他原来真的不爱她，而就是如朋友所说：他也许就为了享受她狂热的爱慕而见她。

她严肃地提出分手，他只追问了一句："你确定？那我就再不约你了。"轻飘飘的一句话彻底打碎了她的爱情迷梦，她丢下一句再见，头也不回地走了。

在爱的世界里，两个人的关系应该是对等的，而不是主人和仆人的关系。对那些根本不在乎你，不在乎你的爱以及你感受的人，就不要再投入无谓的感情。爱一个人可以卑微，可以忘乎所以，但不管这爱能不能换得他的真心，他都应该尊重你。当他只陶醉在你爱他的痴狂中，而根本就不尊重你的时候，那这个人就不值得你付出任何感情。

人是有尊严的，爱也同样。

信任死于
无底线的妥协

经常听说两个女人为了一个男人争吵甚至大打出手。很多时候，是这个男人太花心，但有时却可能因为他太"心软"。

同院的姑娘小刘就碰到一个心特软的男友，简直让她烦恼得不行。他们是通过熟人介绍认识的，两人见面后彼此都有好感，见过几次面，聊过几次后，就确定了正式恋爱关系。

正式来往前，他们都讲过自己的感情经历。在大学时，他有过一次缠绵悱恻的爱情，可是因为女方家长不同意，他们只好劳燕分飞，各走各的路。当年分手时虽然遗憾，但分手多年，他从来没有联系过她，算是彻底结束了那段感情。

小刘是个心宽的女孩，不在意他有过这段感情。在她看来大家都年轻过，要是没有任何爱情故事那才奇怪。因此，他们就幸福地开始交往。

两个人来往了几个月后，小刘发现他有点异常。原先他从不避讳当她的面接打电话，可现在他常常要走开去接电话；她以前给他打电话，他从来是拿起就接，现在却要先掐断了，过一会儿再打过来。他有什么事瞒着她，这是小刘的直觉。

　　有次两个人约会时，他又神神秘秘地接了个电话。等他过来坐下后，她直截了当地问他有什么事瞒着她。他支吾半天，才告诉她那些电话都是他前女友打的。她脸色微微变了，想着他不是说已经跟前女友彻底了断了吗，怎么还有联系？

　　他解释说一个月前，他的前女友不知怎么找到了他的电话，打给他。现在的她很不幸。跟他分手后，她很快恋爱结婚，可是丈夫心胸狭隘，总怀疑她跟别的男人有染。委屈的她跟丈夫闹了一年多，实在受不了，就提出了离婚。离婚后，那个男人还隔三岔五地去骚扰她，弄得她生活很狼狈。痛苦中，这位前女友想起了曾经深爱过她的他，就找到他向他诉苦。

　　他的心肠比较软，性格有些优柔寡断，小刘清楚他的这个个性。她也同情那位前女友的遭遇，觉得他安慰一下她不算什么出格的事。豪爽的小刘让他好好劝下前女友，美好的生活还在后面呢；又说他不必避讳她，实在不行，她也可以劝劝她的。女人嘛，总有容易沟通的地方。

　　小刘以为自己这么大度，这件事男朋友一定会处理好，总之事情应该继续往好的方面发展才对，可现实却不是这样。

　　他接电话倒是不避着她了，可他的行踪却变得不定起来，有好几次她打电话问他在哪呢，他都含糊其辞地说在外面，有点忙。后来她才发现，他的前女友居然从老家辞职，投奔他而来，他忙着帮她安排各项事宜。

　　这让小刘实在意外，一时手足无措。她仍往好的方面想：来就来了，也许到了这里，她就能摆脱前夫的纠缠，会好起来。小刘从没想过这位前女友可能跟自己争男朋友，她觉得她跟男友已经相处了好几个月，感情非常稳定，双方相互信任，也渐渐融入了对方的生活，他是不会背叛她的。

106

小刘的判断没错，他的确不想背叛她，可他优柔寡断的"心软"把三个人的关系越搞越复杂。他的前女友觉得他无私地帮助自己，又是租房子，又是买日用品，可见旧情未了，之所以迟迟不投奔自己这边，完全因为他新结识的那个女人不放他。他觉得自己帮一帮曾经的恋人没什么不对，她那么不幸，他怎么忍心置之不理呢？何况现任女友明说了不在意，那他当然就不必在意，不必有所顾虑了。可是，他偏偏就没有明确表明自己的态度，没有说明自己的立场。

就这样，他一方面与现任女友继续保持恋爱关系，又跟前女友联系得越来越密切。他这样做的结果，是让两个女人无法确定他的倾向。小刘忍不住告诫他，帮前女友应该有个限度，不能一直这样下去，要不然她可就会误解了。他把这话告诉给前女友，前女友找上门来，指责小刘太过分，太不识趣，硬要抢她的爱人。

小刘生气了，她的好心怎么就变成了这样？她倒成了无耻的第三者，破坏着他跟前女友复合的可能。小刘气不过，找来他让他说清楚，究竟怎么办。当着两个女人的面，他嗫嚅半天，说不出来个所以然。

小刘提出分手，他私下里哀求小刘原谅他，说他很爱她，可他没法摆脱前女友，他只是不忍心让她在不幸的时候再受伤害。小刘答应给他时间，让他处理他与前女友的关系。

感情的世界里，怎么能容得下这种心软呢？他看似大好人一个，双方都照顾到了，可实际上这却引发了两个女人之间的矛盾，而这场矛盾又混淆了他自己的判断，连他自己都不清楚究竟爱谁。

在耐心等待了一段时间后，小刘受不了他的犹豫不决，也受不了那个前女友的骚扰电话。她打给他电话，坚定地说她决定退出，跟他彻底分手，请他不要再来打扰她了。

与其在这种莫名其妙的纠葛中耗费精力和感情，不如彻底放弃，还自己一个安宁。爱情容不得无原则的含混，爱或者不爱都应该有个明确界限。爱就承担起所有的责任和义务，不爱，就不要过分表达自己的关心。无谓的"心软"只会搞混爱的界限，带给人麻烦和痛苦，而不是幸福和宁静。

不管是他真的"心软"，还是假借"心软"而脚踩两条船，女人都没必要去容忍他、等待他。离开他，寻找明确的爱，寻找真正的幸福，才是明智的决定。

别让爱情中的谎言成为习惯

　　每个人或多或少都会有点缺点，所谓金无足赤，人无完人。所以恋爱时，不必求全责备，一定要找一个完美的人。

　　很多时候，缺点可能只是性格问题，并没有什么大的妨碍，只要你能接受就好。有时这类缺点换个角度，说不定还能成为优点，比如说一个人比较固执，但在某些情况下，就可能是执着精神了。还有的缺点虽让人不舒服，却不妨碍生活，有时还能给生活添点乐趣，比如有人爱说话，有人稍微懒惰一些。这些缺点，只要有真情在，也还能接受。但是，有些缺点却可能跟人品有关，这类缺点在恋爱中，最好不要接受和容忍。

　　同事小贾新结识了一个男友，从各个方面来讲她都很满意，长相不算帅，但是很顺眼；工作算不得金领、白领，但相当稳定，有固定收入；人际关系处理得当，说话得体动听。当然，最重要的是他对小贾还不错，请她吃饭游玩，总是考虑周到，不让她受委屈。

　　有这样一个达不到满分，没有突出项目，但综合成绩不算低的恋人，小贾很满意，就真心真意地跟他来往了起来。可没过几个月，小贾就感到不安，不知道还要不要再跟他交往下去，或者该怎样交往下去。

她告诉我们她的发现和担忧，那就是这个男朋友经常说谎话，有时候说谎简直很随意，好像也没有什么坏的企图。

有天中午，他打电话给她，约好晚上一起吃个饭。下班后她左等右等，不见他打电话过来。后来她打过去电话，听到听筒里有点吵。问他在哪里，他说在地铁上，公司有个紧急事情得处理，不能跟她一起吃饭了。好吧，那她就自己吃好了。

那周周末，小贾跟他出去玩，碰到他的同事。他们笑着说起有天晚上同事聚会，大家都喝醉的事。小贾暗中算了下，那天正好是他约她吃晚饭又爽约的日子。这是怎么回事？

等他的同事离开，小贾就问他，他喝着饮料不在意地说："我怕你多心所以说加班。"

正常的同事聚会，她干吗要多心？当然，放她鸽子她是不开心，但这样撒谎骗她，她就开心吗？

几周后的一个周末，他们商量着去郊外爬山。一大早他就来找她，催她赶快收拾了出发。

她急急忙忙跑进卫生间洗澡，正冲着水就听见自己的手机铃响。她喊他接一下，就继续忙活。洗完后她问谁打的电话，他说是一个广告电话，他挂了，号码也删了。在他的催促下，她没在意这件事，就跟他开开心心地上路了。

一路上放松的感觉很好，她的心情也不错，很快就爬到了山上。玩够了，他们晃晃悠悠往下走，这时已经是下午时分了。

正坐在山下一把椅子上休息，小贾的手机响了。她一看，是顶头上司的电话。接通电话，还没等小贾开口，上司就怒气冲冲地问她："你在哪里？让你把修改好的文案今天发给我，这都什么时候了，你怎么还没发？"小贾愣了，说："不是周一才要吗？"领导在话筒里说："我早晨给你打电话，你男朋友接的，他没告诉你计划有变，今天就要的吗？你怎么做事呢？"

小贾看了男友一眼，只好向上司道歉："我们弄错了，真对不住。我这就改了发给你。"上司气呼呼地挂了电话，小贾也气到了极点。她抓起自己的包就往车站走，不理会男朋友在后面一个劲儿地向她道歉。

他说不想毁了他们的出行，才顺嘴编了个谎话。他可没想到这谎话会给她造成麻烦和伤害。她责问他："你怎么就这么喜欢说谎呢？你怎么就这么喜欢为自己辩护呢？"他却毫不在意地说他撒谎又没有恶意。

看起来他的谎言没有什么恶意，可这种谎言损害了小贾对他的信任。现在小贾常说，她经常不知道他哪句话是真、哪句话是假，听了他的话以后总得反复思考，判断他会不会是撒谎。这样的恋爱实在是累，我们劝小贾别再忍受了，这样的人太不靠谱。

谎言在日常生活里的确很常见，同事之间、朋友之间，甚至亲人之间都可能出现一些谎言。有些谎言是善意的，有些谎言是自我保护，也有毫无恶意，只是为了隐瞒一些情况而说的谎言，这些都可以忍受，也可以谅解。但是恋人是一种亲密的关系，是一种相互信任的关系，如果整天谎言满天飞，那这个人怎么可以去信任呢？

不要再继续任何自欺欺人的恋情，别相信他对自己谎言的解释。如果一个人不能坦诚、真诚地对待恋人，又怎么能指望他坦诚、真诚地对待人生和生活？

撒谎是恋爱中最不能忍受的缺点，像小贾的男友那样，处处因为自私而撒谎，那就更不可取了。恋爱是要找一个可以信赖，可以信任的人，而不是训练我们变成拆谎专家。

对那个满口谎言的家伙说再见，对那个只知道维护自己的说谎者说分手，请他走远点，别来打扰你的正常生活。

CHAPTER

♥ 05

爱情呼唤勇敢，带给自己温暖

　　也许欢乐的时光还在记忆里留恋，也许苦涩的日子还让心头酸楚。但是，那些快乐啊忧伤啊，可以在那人的眼中，也可以在自己的心中。从不怀疑，即使一个人也可以温暖自己。那些能够欢笑的人不是没有痛苦，而是不会让痛苦左右自己。拒绝依赖，勇敢前行。

不爱自己，
谁会来爱你

只要有爱恋，就会有失恋。失恋的人最容易陷入忧伤，曾经相爱的甜蜜，曾经相处相伴的温暖突然间烟消云散，就像从天堂一下坠入到地狱，这种强烈的对比和痛苦很容易就将一个人打败。

失去了爱，就好像失去了世界；失去了爱，这个世界就好像再没有可爱的事物。

一个女孩子讲述自己的失恋，就这样描述自己当初失恋的感觉。她说他提出分手，她哭过、闹过，苦苦挽留过他，怎么也接受不了失恋的现实，就变得自暴自弃起来。

她不上班，整天窝在家里上网、聊天、看视频，经常哈哈大笑，好像没事一样。可她不能看任何跟感情有关的东西，不管是电视剧，还是网上那些缠绵感伤的文字，她只要看到，就会痛哭流涕，哭到眼睛红肿疼痛。

她整个人都变得颓废，什么也不讲究。她的头发乱糟糟，出门的时候随便梳两下，拿皮筋扎上就完事。衣服也不讲究，怎么舒服怎么来，几乎都换成宽松的类型。她猛吃零食，不知不觉中胖了起来，刚开始还显宽松的衣服，后来也都比较合身了。

　　浑浑噩噩的颓废生活过了快两个月，她渐渐平静，但还是提不起劲儿，对什么都没兴趣。一天下楼去买吃的，她在路上碰到一个女孩问路。那个女孩客气地叫她"阿姨"，她深受刺激，瞪大了眼睛。一股无名火窜上心头，她刻薄地张嘴就说："配副眼镜吧，什么眼神？你看着也老大不小了，能比我差了几岁，就叫我阿姨！"那女孩一阵尴尬，说声对不起就赶紧走开。她听到那女孩对同伴低声说："也不瞅瞅自己的样子，没叫大婶都不错了。"

　　她没有追过去跟那女孩吵架，只是木然地走到街边一个台沿上坐了下来。她默然放下一兜零食，愣愣地看着街上来往的行人。

　　每个人都显得忙忙碌碌，每个人都心无旁骛地走路。偶尔也有经过她面前的人扭头看她一眼，但更多的人对她根本视而不见。她突然想："我这是怎么了？我怎么就变成了这样？"

　　就在这喧闹的街头，她无人打扰，独自思考。她发现这个世界根本不在乎她，根本不管她是什么样。也许就算她为失恋伤心到死，这个世界也可能还是这副模样。车开过去，一辆接一辆；人走过去，一个接一个。他们都没有时间，也没有心情来看她的悲伤表演、她的失恋痛苦。

　　她忽然就笑了，笑着笑着，泪水又从脸上滑下来。她捂着脸让眼泪尽情地流，把这快两个月的失落和痛苦尽情释放。有个散步的大妈看到她，坐在她旁边，拍拍她的肩膀，问她怎么了。她抹一把眼泪，努力笑了笑说："我没事，就是失恋了伤心。"

　　这是她自失恋后，第一次把"失恋"这个词说出来，她终于能够面对和接受这个事实了。

　　大妈笑着安慰她："都会过去的。我瞧着你也是个不错的姑娘，将来一

116

定能找个更好的。"

她点点头，拿起自己那兜零食，跟大妈告别回家。

走进家门，她拉过镜子，再次打量自己。这一打量，她还真是暗暗吃了一惊。她不是个漂亮女孩，只能算得上长相周正。可是她曾经拥有自信的气质，拥有飞扬的神情，那让她平常的容貌充满了引人的光彩。可现在，那一切都没有了，只有一张惰怠无精打采的脸。难怪人家女孩子会叫她阿姨，这段时间真的是太颓废了，连相貌都看着老了。

她决定振奋起来，再也不能这样过日子了。她拉开窗帘，打开窗户，回身看着凌乱不堪的房间。她决定："我不要这样，我要好好爱自己，要好好地生活。"

她开始打扫整理房间，把所有凌乱的东西回归原位，然后清理地板，清理床铺。经过几个小时的努力，当太阳偏移到西面时，她的房间已经恢复了以往的整洁。

她把跟前男友有关的东西都清理了出来，也不通知他来拿，直接扔掉。又上网删掉自己转发的那些哀哀戚戚、自我疗伤的文章。她要勇敢面对，决不再这样自怨自怜。

再次回归正常生活，她比以往更注重自己的生活品质。她又回归了神采飞扬的状态，变得比以前更自信、更成熟。

在讲完自己那次失恋的经历后，她说："这个世界很冷漠，你不爱自己，谁会来爱你？所以，要对自己好一点，才能让世界对你好。"

其实，这个世界无所谓冷漠不冷漠，它就这样存在着而已。但它会根据你的态度回以相应的态度，你对它热情，它回报你热情，你对它冷漠，它同样冷漠。爱的世界也是这样，你不爱自己，不会有人来爱你；你不爱别人，也不会有人来爱你。

失恋的确让人痛苦，但是因为失恋而毁了自己，那就不值当了。一个已经不在身边的人、一段已经逝去的感情最不值得留恋。用过去的失败和错误扼杀自己的将来，是最不明智的选择。

有件疯狂的小事
叫宽容

　　面对掠夺与伤害，圣人们建议我们忍受和接受，甚至原谅掠夺者。可作为普通人，谁又能有这样的胸怀和气度，原谅深深伤害了自己的人？尤其是在爱情中，恐怕很少有人能原谅背叛自己的那个人。

　　以前共事过的一位女同事很惹大家讨厌，她漂亮有能力，可就是为人孤傲刻薄，一点不把我们这些人放在眼里。

　　她年龄不小，还一直单身；她没有朋友，习惯独来独往。她对任何人、任何事都很挑剔，只要我们做错一点，她就会揪住不放，狂批一通。那时候大家都年轻，很多同事开始恋爱。对陷入热恋的小姑娘，她更是满脸的鄙夷和不屑，好像她们就是一群为爱痴狂的小傻瓜。我们背地里都不待见她，觉得她嫁不出去天经地义，哪个男人受得了她这样的女人才怪。

　　可是知道一点内情的老同事却说："她以前虽然清高，却没有这么刻薄。"她也是经历了一场失败的恋爱，才变成这样的。

　　后来又听说，她的那场失恋简直就是狗血肥皂剧的翻版，让人觉得有点不可信。

以她的条件，当然不会挑差劲的男人。经过几次不满意的恋爱后，她终于找到自己心仪的人。据说她那个男友家境很好，长得也不错，跟她一样骄傲，也是年龄不小了，才找到她这个比较满意的女友。

两个人条件相当，又能合得来，那场恋爱自然谈得异常顺利和甜蜜。双方都见过家长，定下了未来的婚事。他的父母着急抱孙子，表示很喜欢她这个未来儿媳妇，催着早点结婚；她的父母也满意未来的女婿，但考虑要给女儿一场完美的婚礼，就坚持把婚期推后点，好有时间准备婚礼。

就是在准备婚礼的过程中，她把他介绍给了自己的同学朋友。有了这么满意的男朋友，她巴不得大家都羡慕自己，所以很隆重地把他推到了台前。她可没想到这小小的虚荣心会毁了自己的爱情。

婚礼的日期已经确定，就在他们决定领结婚证的前一个礼拜，男朋友特意约她吃饭，地点选在一家高档餐厅。富丽堂皇的餐厅里还有背景音乐，气氛非常柔和而浪漫。

吃完饭以后，伴着美妙的背景音乐，他鼓足勇气提出要悔婚，他不能跟她结婚了。她惊讶得差点跳了起来，追问他为什么。他支吾半天才说，有个女的怀孕了，是他的孩子。

听人说，她没能保持淑女风范，而是拿起挎包打他，被服务员们拉开后，她撒手离开。

再后来，她的事被悄悄传扬开。他的新娘是她的高中同学，跟她关系很不错，还是她介绍他们俩认识的。究竟他们怎么走到了一起，是因为真爱，或者只是一时激情，那可说不清楚，也不重要。对于男方悔婚，她的父母非常气愤，指责男方背信弃义。男方家长却一点不觉得自家有什么错，反正没有正式结婚，当然可以悔婚了。再说他们既然很快就能抱孙子，怎么能不尽快娶"儿媳妇"过门呢？

那段时间，她究竟什么感受、究竟怎么扛过来的，我们都不知道，但她肯定感觉受了欺骗，受了深深的伤害。

再后来，她的性情就有点变了，对男人一概不信任，对其他人也刻薄起来。正如那句说滥的话所形容的：她一直拿别人的错误在惩罚自己。她无法原谅骗她的男友和女友，对其他人的挑剔刻薄就是她反击伤害的做法。难怪她无法宽待身边的人，宁愿孤独，也不找朋友往来。

碰到这样的事，估计换了谁都会忍不住怨恨，都会对世人失望。怨恨和失望其实是另一重伤害，在经过别人的伤害后，进一步的自我伤害。原谅，放弃已有的伤害，这才是拯救自己的途径。

忘掉经历的伤害很难、很痛苦，但这却是人生正确的选择。她的不宽容、不原谅让她远离了温情，远离了可能的爱而陷入孤独，背叛她的人却没有因此受到任何惩罚。与其这样，不如忘掉一切，就当什么也没有发生，重新开始自己的美丽人生。

会犯错的人都不是神，只是普通人，跟我们一样的普通人。当我们犯错时，也渴望别人会原谅。那么，在别人犯错后试着宽容，学习原谅，就像我们也可能犯错一样。

很多时候，宽待他人就是宽待自己。当我们从爱的伤害里走出来时，就会发现，这个世界并不孤独，它一直等着我们继续生活，继续去爱。

充实的心灵
不惧怕孤独

很少有人愿意一个人独自生活，就算无比自由，可以随心所欲，但没有了那份牵挂，那份人与人之间的相互关怀，生活还是会显得苍白。为此，很多人宁愿选择恋爱，选择群居在一起，也不要孤独。

最可怕的不是一直孤独，而是曾经拥有美好欢乐的日子，突然之间变成了一个人，那份孤独最难忍受。

朋友讲起她很早以前的那场孤独经历。那时她大学毕业不久，还是个特别爱热闹、特别喜欢嘻嘻哈哈跟人玩的女孩。她从来没有一个人生活过，上大学前在家里住，进入学校，住集体宿舍，从大学出来后就跟男朋友合租。

他们是大学时认识的，恋爱了好几年。他是那种细心的男生，而她是个乐天派，像个假小子。他曾经很爱她，很呵护她。每天早起，要上班前，是他做好简单的早餐；晚上下班，也是他带回蔬菜做晚饭。她洗衣服，他会批评没洗干净，她就嘟着嘴狡辩："洗那么干净干嘛，穿两天又会脏。"

那是段甜蜜的日子。她跟他学会做简单的饭菜，后来也能帮着收拾房间、打扫卫生。她以为他们俩的日子就会这样一直一直过下去，可没想到他半途选择离开。

他爱上别人的时候，她没有任何感觉，因为她信任他，从来没想过有这种可能。当他提出分手时，她刹那间感觉天崩地裂，整个人生都灰暗了。

这场打击让她很久回不过神来。上班时，她经常神情恍惚，不自觉地就陷入愣神状态。她左思右想他为什么离开，但爱已经不在，她想又有什么用？

下班后她找各种理由拖延回家，她害怕一个人孤独地面对没有他的房间。她经常组织各种小聚会，找同事、同学吃大排档，喝啤酒。可是聚会时她越闹得高兴热烈，回到家那种空虚孤独感就越强。

越害怕一个人，她越频繁地找人一起聚会，聚会后的空虚感就越吞噬她痛苦的心。她觉得自己已经接近崩溃的边缘了。

有个周日的晚上，她找不到人陪，就买了些啤酒，自己在网上看电影。伤感的电影引起她对他的思念、她对曾经美好时光的怀念。从心底涌上的悲伤让她边哭边猛喝啤酒，也不知道折腾到几点才在泪水中迷迷糊糊地睡着。

第二天，猛烈的手机铃声惊醒了她。她迷迷糊糊拿过来接听，里面传来上司的声音："你怎么回事？现在还没来上班？"她一下子惊醒，从床上坐了起开，看看表，都已经 10 点半了。

她匆匆赶到公司，上司当然没有好脸色，批评她说："有什么事，别影响到工作。身体不舒服，也该早打电话。"然后又善意地说，"一个人在外，要懂得自己照顾自己。你不来上班，又不说你干吗去了，多让人操心。"

回到办公室，她突然觉得这样下去真不是办法。他已经离开，这是事实，她现在得一个人过，这也是事实，她必须想办法解决这个问题，而不是一味沉浸在孤独痛苦中不能自拔。

那天她反省了好久，觉得自己对自己太不负责任了。尽管已经失去美好的感情，尽管心有不甘，又是失落又是伤感，可她不能再对不起自己。她下决心重建生活，把曾经的一切都置之脑后。

　　她为自己安排详细的改变计划。首先是学习。以她多年的学习感悟可知，学习是最容易让人感到充实的事。学什么呢？她喜欢看韩剧，那就学韩语吧。她报了韩语班，还在网上加入了一个学习网站，每天下班吃完晚饭，就开始学。随着学习的进展，她再也不害怕一个人待在小窝里，反而觉得没人打扰是件很清闲、很放松的事。

　　她接着学做饭，为自己煲一锅热粥，有时还煲汤，让自己吃得舒舒服服地。深夜里偶尔醒来，看到为自己留的那盏小灯还发出温暖的光，她就再次沉入睡梦。周末的晚上，不想学习，就窝在被窝里喝着咖啡看电影，犒劳一下这一周的辛苦。她偶尔还修剪新栽培的吊兰，看着它茂盛地生长，那一朵朵小花可爱地绽放。她发现，一个人的生活实在没什么可怕，而且当孤独包围着一个人时，如果能静下心来享受这份孤独，就会发现很多以往不曾发现的美丽。

　　生活多美妙啊，如果不是孤独一人，她怎么会掌握了韩语，又怎么会做出那么多可口美食。现在，她跟同事或同学小聚时，能够露一手绝活了。她还发现了大自然的美，静静地坐在花园里，或者独对一盆吊兰，她体味到生命的成长和四季变化。

　　对她而言，孤独生活最大的馈赠是思考。她笑着说以前除了应对考试，她从来不做什么思考。现在，思考变成了她的习惯。她对人生已经有了更深刻的认识，面对挫折和烦恼，她也具有了更强的抵抗力。就这样，她忘掉了失恋的痛苦，获得了继续面对新生活的勇气。

孤独，一个人生活的孤独可以是乏味的，可以是无聊和充满痛苦的。但是，孤独也可以品味，可以享受，只要你稍微改换一下心态。

很多时候，我们的世界过于喧闹和嘈杂，而不是太过孤独。喧嚣的世界容易让人迷失，不断用喧嚣填补空虚，心反而越容易陷入空虚。与其陷入这种无休止的循环里，不如静下来，享受孤独。

充实的心灵从来不惧怕孤独，它反而渴望孤独。当你真正能够安享自己的孤独时光，那么生命的另一重美好就会逐渐显现。

别让忧伤
伴终老

有那么一阵，事事不顺，跟男朋友闹矛盾，工作还出了很多麻烦，解决不了。天天为这些事心烦意乱，突然就觉得人生很悲观很灰暗。什么时候，才能结束这一切不开心呢？

那些天里，因为情绪不好，整天都阴沉着脸，没有任何精神，也没有任何笑容，惹得同事都不愿意接近。

有天中午，独自一个人坐在饭堂的一角吃饭，边吃边闷闷地看着窗外。一位合作过的女同事端着饭盘走了过来，坐到我的对面。我僵硬地向她笑了笑，算是打了个招呼。

我心不在焉地听她说话，含糊地应答着。她察觉我不大对劲，轻声问："怎么，不开心啊？什么事这么愁？"我勉强地笑了笑，说："就是一些烦心事，也没什么好说的。"

她停下筷子安慰我："人生难免碰到不顺心，千万不要老沉浸在悲伤里。人要学会鼓励自己才行，要不然走不出悲伤情绪，生活会越变越糟，越来越没有希望的。"

我点点头，还是提不起精神。这种安慰的话，我也会说，可是换了真正经历这些烦恼痛苦，就发觉这些安慰的话真不起什么作用。

她看到我这种表现，喝完最后一口汤，说："觉得这些话华而不实，是吗？痛苦的确是经历过才知道有多痛的，但主观上要是不想振作起来，那真是神仙来了都救不了。"

她扭头看着窗外，神情逐渐黯淡下来，静了一会儿才轻声说："我现在的老公，其实不是我最爱的那个人。可我现在也很幸福。"

我有点莫名其妙，她说这话什么意思？

她扭头看着我，说："我人生中就曾经历过最大的悲伤，但我挺过来了。我觉得自己挺棒的。"

她向我讲起自己的那次悲伤。她曾经有个深爱的男友，两个人青梅竹马一起长大，他们两家也早有往来，算得上世交。幸福的未来似乎就等在那里，她会和他结婚，走进另一个一点都不陌生的家庭。她获得的将会是两家人的爱，而不像很多其他女孩那样，要面对未知的家庭。

可是，天公不作美，就在他们都要商议结婚的时候，男孩出了意外，突然离世。她受不了这种打击，很快就病倒了。

躺在床上，她以泪洗面，哭到累了就睡，睡醒了想起痛苦就接着哭。后来，她不哭了，是发呆，一呆就是老半天。谁进门来跟她说话，她都不理。

她吃得很少，家里人担心，就找医生给她打点滴，补充体能。她对这些统统不闻不问，只是任着性子躺了一天又一天。

她说她那时最恨的就是老天为什么要这样安排。如果她跟他命里无缘，为什么要让她那么爱他，要给她展现一个曾经美好的未来，到头来却丢下她孤零零一人。她无法想象没有他的生活，她觉得自己再也无法爱上谁，走入婚姻的殿堂。

总之，她觉得自己被命运给抛弃了，生命之火也将因此而熄灭。

两边的家长都来安慰她，说着那些同样让她感觉空洞洞的话，什么你还年轻，未来是美好的；想开点，人生没有迈不过去的坎。她麻木地听着，没有任何反应。

家里人担心极了，害怕她精神出现毛病，商议着要不要去看看精神科。

挽救她的人是她极有个性的小姨。那时她小姨在外地工作，听说了她的事就赶了过来。

走进她的房间，小姨径直走到窗子边，拉开窗帘，打开窗子。刺眼的阳光照射到她的眼睛上，她扭头闭上眼睛。窗外清新的空气涌进来，让她的大脑也突然清醒。

小姨站在床边，拍拍她的胳膊说："丫头，该起来了，你躺得太久了。"

她扭头想哭，小姨接着说："我们已经知道你很悲伤了，但再这样下去，我可要认为你是假装，是逃避了。没人能活着不死，也没人愿意他死，可你得接受这现实。你要好好活下去，不能老躺在这里，让几位老人为你担心。"

小姨尖刻的话让她心惊，让她深受刺激。原来她真的好自私，沉浸在自己的悲伤中不愿离开，却间接伤害了那么多人。

她忍不住坐起来，抱住小姨痛哭一场，伤心的小姨也陪她流了很多泪。但痛哭过后，她答应小姨，答应家人要振作起来。

"你看，我如今也结婚了，过得也很好。所以，振作要靠你自己，如果你拒绝，任何人都可能没办法的。"她最后这样对我说。我点点头，笑着感谢她。她的提醒真的很对。

在这世界上没有人喜欢悲剧，没有人期望悲剧发生。然而当你遭遇时，你就得学会接受，接受已成的事实，接受所有的不幸，然后抬头继续走路。沉浸在悲伤里，不肯面对现实，其实就是一种逃避，逃避坚强，逃避面对。

人生总有起有伏，当悲伤来临，究竟沉浸在悲伤的世界里，让生命的颜色从此淡去，还是鼓起勇气远离悲伤，全在自己的选择。

人生苦短，不管是爱情抛弃了我们，让我们陷入孤单，还是生活欺骗了我们，让我们痛苦，都要记得远离悲伤，让生命灿烂绽放，这才是真正的勇敢。

精彩的人生是
永远燃烧的烈火

就像歌中唱的那样，人是越长大越孤单的。当身边的朋友和同学纷纷走进爱情天地，或者跨入婚姻的殿堂，那些还单身的人就会自然萌发无名的焦虑。

不是孤单难耐，而是心灵真的需要一个相伴的人，生活需要一个可以同行的人。可是，这个人如果迟迟都不出现，那又怎么办？

想起遇到过的一个女老板，三十岁左右，还是独身一人。她不雍容华贵，也不雷厉风行，是那种温婉中带着坚定，宁静平和中带着执着老练的感觉。她说自己的一切都是岁月历练的结果，她很高兴自己没有辜负岁月赠给她的一切。

她说自己以前可没有现在这么能干，曾经的她是一个非常普通的女孩。她曾经渴望的是找个合适男人，结婚生子，做一个名副其实的家庭主妇。也许命运跟她开了玩笑，让她这样的人反而事业有成，创立了自己的公司，变成大家眼里的女强人。

她的第一次恋爱是在大学校园，那时候她没有胆量明说自己的感觉，虽然跟暗恋的男生有很友好的关系，可最终没能跟他走到一起。她觉得他应该也有几分喜欢她，但不敢确定。

忍了很久，快要毕业了，她下决心告诉他，就算失败，她也算说出了自己的爱。可是没等她开口，他的女朋友就出现在他们的面前。

她暗地里痛苦了很久，跟他的关系逐渐疏远，毕业后，渐渐失去联系。她听说他后来结婚，日子过得还不错。那她还指望什么呢？既然错过，就独自前行吧。

工作的日子里，她结识了新的伙伴。同事中有个男生对她很有好感，时不时地表达出对她的关心和关注。如果那时候她能热烈地回应他，也许她就不会被剩下了。偏那个时候，她还没有从第一段感情的失落中完全走出来，对他始终保持不冷不热的态度。

他是个不错的男孩，她后来渐渐爱上了他，只是忘掉过去，爱上他需要一段时间。那段时间对她来讲也许不长，对他来说就有些等不及了。

就在她已经对他动心，开始表示出友好的回应时，公司里的另一个女孩迅速出击，变成了他的女朋友。

面对这突如其来的变化，她有点懵，还没反应过来怎么回事，那女孩就整天当着她的面表演与他的亲密关系。显然，那女孩潜意识里把她当作情敌看待。骨子里有几分骄傲的她没有理会，只等着他作最后抉择。

他还是娶了那个女孩。结婚那天，喜宴上，新人敬酒的时候，她明显感觉到新娘针对她的得意笑容，感觉到她热情表演背后的胜利感。

她被暗暗激怒了，心里愤愤地想："抢到男人就很了不起吗？嫁了人至于这样扬扬得意吗？我一定要比你们活得精彩，活得光鲜。"

那以后，她不再留意有没有人追她，也不在意身边那些男孩的暗示。她觉得要是真爱我，就大胆来追，这样遮遮掩掩地试探，算什么好汉。

工作之余，她开始投入学习。当别人约会看电影的时候，她泡图书馆；

当别人遛街转弯的时候，她研究思考业务。渐渐地，她的工作能力越来越强，很快超过了同年入职的其他人。她迅速升职，那个男的已经不在公司，但那曾经的情敌变成了她的下属，每次碰到她都有几分尴尬。

这胜利对她已没有了意义，学习和提升自己让她早就不在意那曾经的"竞争"，她只想做最好的自己，发挥出自己前所未有的潜能。时机成熟，她顺利跳槽，换了家更好的公司。再后来，熟悉市场，她开起了自己的小公司。

日子忙忙碌碌，赚钱已不再是生活的目标。她继续计划着精彩的人生，力求让它更完美、更有活力。她每年都会出游，已经去过很多地方。这些经历开阔了她的眼界，充实了她的心灵。她对生活形成了极为独到的见解，跟她谈过话的人都认为她很有才情，很有见地。

如今的她就像一块被打磨得莹润光滑的玉石，从骨子里透着高贵和宁静。她的身边不乏热情的追求者，虽然她还没选定那个要走一辈子的人，但她绝不担心将来会孤老终身。

她说曾看过一篇文章，里面说："你只管负责精彩，上帝自有安排。"她深有感触。人生美不美好，很大程度上不是由别人决定的，而是由自己决定的。她如果当年因为失恋，稀里糊涂就随便嫁人，那现在肯定过的是一种烦琐平庸的生活。但现在，她庆幸自己作了不同的选择。她依靠自己让生活精彩了起来，就算她等不到那个可以走一辈子的人，也不会有什么遗憾。

生命是属于自己的，生活也是属于自己的。不管我们有没有人陪，都要打理好属于自己的一切，让自己充实精彩。事实上，越精彩的人才有越多的选择机会，越精彩的人获得幸福的几率才会越大。

就算不为获得什么机会，不为获得什么幸福，精彩的人生也是上天最难得的恩赐，是人生最可贵的拥有。

爱的信任，
爱的温暖

身边认识的人里，总有个别比较奇特、让人不那么容易理解的人。有个女生就曾让我们百思不得其解。

她在父母的宠爱中长大，衣食无忧；她长相甜美可人，为人乖巧，也很招人喜欢，我们觉得她应该是大家伙儿里最早结婚生子的那个，可她谈了无数次的恋爱，要么她甩了别人，要么别人坚决跟她分手，总之迟迟都没有结婚。我们都想不明白，她究竟哪里出了问题？

她跟我们说不要相信男人，可只要有人追求她，她照样很快恋爱，好像不记得说过别相信男人的话。

这种矛盾状况更是让我们百思不解。有人问她为什么跟男友频频分手，她说对方不值得信任，没有安全感。再问那些跟她分手的男人，回答却是受不了她的多心和多疑，跟她谈恋爱太辛苦。

原来，她的问题出在安全感上。她的多心和多疑让她无法相信男人的爱，而屡次失败的恋爱又让她更加怀疑男人的真心。

突然间我们明白她的问题所在，关于她的一些古怪举动也有了答案。

很早就听说她恋爱时最喜欢追问男友爱不爱她，如果对方有点不耐烦回答，她就哭闹，说他欺骗她；有时她要人家发誓赌咒，如果不爱她了会怎样怎样，搞得男生们啼笑皆非。后来她不那么幼稚了，也不让男人发誓赌咒了，却会要求男友时时汇报行踪，不准跟异性多来往，甚至不准跟同学朋友多来往。一旦恋爱，她就处处依赖男友，害怕他会离开，会丢弃自己不管，这种依赖最后往往变成男友的精神负担而急于摆脱。

后来我们才知道，她那个看似幸福的家其实并不幸福。她的父亲经商，比较忙碌，有段时间很少回家，她母亲就辞去工作，专心照顾一家大小。成了典型的家庭主妇后，她母亲常常担心她的父亲变心，抛弃她们母女俩，因此对丈夫的行踪密切关注，防止他有外遇。有一年，她父亲跟一个女客户往来密切，她母亲疑心两个人关系暧昧，就暗中偷偷调查，后来还找过那个女客户让人家离他远点。她的父亲生气了，放出离婚的话，不肯回家。

虽然家里闹得厉害，她母亲当着亲戚朋友的面却严守秘密，怎么都不说她父亲的坏话。后来她母亲使出浑身解数，终于将她父亲牢牢拉回家中，避免了离婚。

虽然家没有散，但她深受母亲的影响，一直有一种不安全感，总害怕父亲有天会离家而去。在父母那次大闹时，她恰好上初中，正是非常敏感的年纪。也许，从那时起，她心里就有了不信任的种子。长大后，父母离婚的担忧没有了，可父母的婚姻状态以及当年的那段故事让她不敢相信男人。她总是需要证明，需要别人的许诺来强化自己的内心，来保证自己的安全感。

只可惜她不明白，安全感是源自于心的，是无法向外去求的。她那样苦苦地想要抓牢一个人，却像手中紧握沙砾一样，握得越紧，流逝得越快。不断的失去又让她更加不信任，这样的恶性循环就将她推到无法解脱的困境。

这个世界充满了变数，我们很难确保所爱的人或信任的人绝对不会变。如果一味担心爱人可能背叛自己，担心他会离开，那么在无形中我们就将自己的命运和未来完全交付给了某个人。当自己根本无法控制这些外在的人和事时，我们又怎会有源自内心的安全感呢？

其实，安全感需要向内去寻求、去稳固，而不必向外去要求、去索求。

恋爱中，爱的温暖来自心灵的相知相通，而不是口头的重复承诺。那种真正让人感到安全的牢固情感，也不是来自郑重宣誓，或白纸黑字的协议，而在于心灵的相依相偎。

懂得，并珍惜，比单纯的索求更有吸引对方的力量，也更容易留住身边的人。

内心越强大的人，越不会依赖别人，也很少有不安的感觉。他们自信、从容，不担心失去，也不担心未来。与人相处，他们温暖着自己，也温暖着身边的人。所以，与其苦苦强求于外，不如先让自己强大。

真心希望那些寻求真爱、寻求温暖的人能明白，也希望他们能找到自己的温暖。

CHAPTER

❤ 06

爱的本质是信仰，婚姻是现实

　　向爱情索求浪漫，到了最后，留下的是幡然顿悟，或者是愤懑遗憾。常常忘记，静立在爱背后的是信仰，给自己的心灵点燃一盏灯，把爱情重新想起时，读我，或读你，即使是现实也不会再让我们怀疑。

两个人，
一个家

家是什么？是那所房子，是房子里的那些人，还是他的关怀、他的呵护，或者是我们停泊栖息的港湾？家其实是这一切的综合，是那所房子和生活在房子里的人，是爱人的关怀、呵护，是我们恢复心灵平和的地方。

家的构建，需要一点一滴的积累，对家的感悟也需要时间渐渐地积累。就像酿造美酒，经过时间的发酵，才会变得醇香，家的感觉也需要时间发酵，才会变得醇香而醉人。

朋友小鹿结婚多年，终于搬进自己的新家，不用再四处租房住。搬进新家后的一天，她邀请我们几个人去她家里玩。那天她老公外出，只有她一个人在，我们就无拘无束地在她的新家里走来走去，看一切我们关注到的地方。

家具虽然是新的，可我们发现了很多旧东西，那摆在桌子上的小娃娃，还有台灯上的挂饰，甚至墙上贴的照片，都是以前我们见过的。问她怎么还保留着这些，不换新的。她笑着说："舍不得，总觉得它们已经成了这家的一部分。你看，这是我们结婚那年，去云南旅游买的纪念品。我还记得他买来给我时，我高兴极了。搬了好几次家，就是舍不得扔。"她一一给我们指出留有生活痕迹的物件，讲述着它们的来历和经历，突然觉得，她这个新家只不过换了一个新壳子，内在的东西却是长久积淀下来的东西。

她想了想，说："可不是，搬家的时候，东西那叫一个多。太多东西都舍不得扔，都是我们生活的记录。"

她回忆起跟老公刚结婚的时候，他们除了在一起的信念外，什么都没有。他们都来自家境一般的家庭，但有着共同的人生态度。他们除了家人真诚的祝福外，结婚时没有房子，没有豪华的婚礼场面。但她不后悔，因为他们真心相爱，对未来充满了信心。

租房子的日子有很多麻烦和不开心。他们租住的第一个房子在一所老小区，冬天没有暖气，房间里冷得让人坐不住。他给她买了厚厚的保暖鞋和温暖舒适的家居服，让她在家里也不会冷；她做了个棉布帘子挂在门和窗上，让两个人不必整天瑟瑟发抖。房间虽冷，但那个相依相偎的冬天却温暖在了心里，让他们都无法忘怀。棉布帘子如今用不上了，她把它铺在阳台的地板上，人可以随意坐在地板上，而且看到它就会想起温暖的过去。

租房子时他们还碰到各种意外和意想不到的情况：设备太陈旧，总出问题，三天两头自己修理或者找人修理；有时候房东脾气古怪，时不时来找麻烦，需要应对。但他们的生活还是有很多美好：两个人一起计算收入与支出，一起计划出游，还有关于未来的规划。一天又一天，一年又一年，他们不知不觉中融合成了一个整体，相互牵挂，想问题也以这个家为主，也总不忘考虑到对方。两个相爱的人就这样融合成了一个家。如今买了房子，不过是让他们的这个家有了一个更安稳的容身之处罢了。

她幸福地微笑着，回忆着曾经的点点滴滴。从两个人什么都没有，到今天这个到处充满两个人共同记忆的世界，他们走得很辛苦，但又很温馨，很浪漫。

"我们打算要宝宝了。"她说，说得那样平静、那样自然。我们当然都一致地鼓励她、赞同她，觉得是该有个宝宝了，那会让一个家更像家的。

从恋爱进入婚姻，是从两个独立的人变成一个家的过程。这个过程需要两个人共同努力，共同付出，而最终的收获，也将是两个人的。

看着经过自己努力，一点一滴建立的家，朋友小鹿很骄傲、很幸福。渐渐淡去了一个人的生活，逐渐适应了两个人的天地，小鹿说她并没有觉得失去什么，反而得到了更多，得到了一个真心对待她的人，得到了一个更平和安稳的心态，也得到了更加舒适和愉快的生活。

有人感慨婚姻是爱情的坟墓，婚姻锁住了两个自由的人。但是婚姻的模样只在两个人怎么去塑造它。婚姻可能是两个人搭伙过日子，可能是无奈地挤在同一个屋檐下，但婚姻也可以是一个家，一个包含了两个人却无法拆分的家。

小鹿得到的就是这样一个家，由两个人的爱组成的一个家。

找到真爱

很多时候，我们不知道会在什么时间、什么情况下碰到那个对的人。就算碰到，也可能因为种种原因，不得不作出一些选择。很多人都为这种情况而苦恼，可有一位朋友却非常淡定。

听说她要辞职，回到原先工作过的城市，我们都吃了一惊。她已经在这里打拼了三年，不能说有所成就，但各种情况都表明，她已经开始踏上上升的路，在事业上逐渐顺遂起来。为什么这个时候想要返回去，回到自己当初选择离开的地方？

大家一起吃饭，追问她的当然是这个问题了。她笑了笑，非常平和地说："因为要结婚了啊。他在那边有稳定的工作，我不想他放弃。"

这可是个更惊人的消息。她突然要结婚可是好事，但也得给我们交代一下对方的情况才行。她慢慢叙述，我们静静地听。

他与她是早就相识的，那是她还在那个城市工作的时候。当时她从事一份相当无聊的文员工作，他是同事的朋友，就那么认识了。认识之后，有过几次往来，但没有激情燃烧的追求，也没有火热的灵魂碰撞，一切都那么淡然、自然。她不觉得自己爱上他，而他也没有表现出爱她的冲动。他的人生经历比她丰富，可她的学历比他高。那时候，她不觉得他是自己的真命天子，她甚至没想过两个人会扯上什么关系，就是认识而已，而他觉得自己有些配不上她。

后来，她忍受不了那份无聊的工作，毅然辞职，投奔到这个大城市来寻找未来。已经爱上她的他知道后有些失落、有些伤感，但觉得自己没有阻止她追求未来的权利。不过，他也没有辞职追随她而来，还是留在原来的地方工作。

两年多过去了，年龄越来越大的他突然意识到，如果不找到她，不向她表白，那么他的后半生可能都会不安，都会活在一种悔恨中。他辗转找了很多人，终于找到她的电话、她的 QQ 号。再次联系上以后，他像老朋友一样问候她，跟她聊天。很快，他向她表白，说明了自己隐藏已久的感情。她很惊讶，刚开始不能接受，但没有任何压力的交谈让她发现，自己原来可以这样轻松地与一个异性交谈，在一个男人面前，她可以这样随意地做自己，而不需要伪饰与揣摩对方。

她在他的面前毫无矜持，可以表达所有的开心或不爽。他的一言一语都那么熨帖，让她安心，让她舒心。他请了假，专程来看她，短短几天的相处，她彻底动心，发觉自己想找的爱情不过就是这样，不需要山盟海誓，不需要热烈激荡，就是那种暖到心底的温柔。世界就此也变得美好而宁静，她为什么要拒绝这样一个人、这样一份爱呢？

他多次提出要结婚，还计划起结婚的具体事务：怎么收拾房间、做棉被，再买一个好砂锅，给她熬粥喝。他还记得她喜欢喝粥，喜欢喝那种慢火熬出的香浓的粥。

听她说完，我们非常羡慕，又有些替她不甘心："为什么因为结婚，你就得回去呢？他不能放弃那边的工作过来跟你在一起吗？"

她淡淡地说："他不是那种有野心、有冲劲儿的人，我也不是。我们不适合在这大城市里打拼天下，也不适合那种创业而后富贵的生活。在那个竞争和压力都不大的地方，我们会活得自在幸福，为什么一定要来这里吃苦受累？"

看来她很明确自己想要什么，她知道自己的选择会有怎样的结果。对她来说，找到真爱，找到情感的归宿就已经足够，其他的都不过是生活的附加而已。

我们举起酒杯祝福她，她欣然接受。即将走进婚姻的她会有另一种生活，跟我们可能再也没有相交之处。但这没有什么可遗憾的，也没有什么可伤感的。生活就是要追求幸福，就是要过自己想过的日子。她得到了，没有遗憾，我们见证了一份美好的情感，不也同样是幸福的么？

爱他已足够，找到真爱自己的人，也已经足够。因为不管什么样的激荡爱情，最终要走入的也就是这样一个温暖平和的婚姻天地。

嫁给他，还是嫁给一所房子

很多美好的爱情，都在婚姻前止步。不是相爱的人不想结婚，也不是相爱的人不能结婚，只因为当面对婚姻的时候，现实的需求太容易让人糊涂，让人混淆人与物的界限。

午休时，小欣在办公室里抱怨男友，准确来说，是抱怨男友的家人。她准备结婚，漂亮的婚纱照已经秀给大家看过，我们都以为她很快就会办婚礼，却没想到先听到她这一通牢骚。

她和男友都是外地人，在这个大城市里打拼几年，总算都有了份稳定的工作和看得见的前途。要嫁女儿了，小欣的家人很高兴，出于对女儿未来生活的考虑，她的家人要求男方买房，好让一对新人在这个城市里有自己的住处，不再飘来飘去四处租房。

如果能拥有自己的房子，在新房里开始新的生活，那当然是锦上添花的好事，可男方偏无力为儿子的婚事添上这一朵大花。矛盾由此而来。女方家长坚决要先买房，再结婚，哪怕先付首付款，他们再慢慢还贷款也成。可男方的父亲刚得过一场大病，家里的钱根本不够支付这笔款项。他们承诺给儿

145

子办一场风光的婚礼，但房子还是希望等过几年再买。

两个从来没有剧烈冲突过的恋人因为房子的事而吵架了。小欣气呼呼地数落着："我们家彩礼什么的都没要，只要他们买这套房，这过分吗？前几年他们在老家给小儿子结婚，都买了房，现在怎么就不给我们买？再说了，只付首付款，也要不了多少钱。"

听小欣抱怨，旁边的人议论纷纷，有人说小欣这要求不过分，他们家能给小儿子买房，也就该给大儿子买。结婚买房，这可是天经地义的。小欣点头说："可不是，可他看不出家里偏袒他弟弟，还帮着家里人说话。"又有人说："就这么一个条件，可要坚持住，要不他们以为你好说话，以后经常欺负你。"小欣又点点头："我妈也说不买房，就不结婚了。"就在他们都鼓励小欣坚持买房的要求时，另有人说："如果人家家里真有困难，那这个要求就有点过分了。小城市的房价能跟这大城市的比吗？"这样一来，很多人又纷纷同情男方，认为小欣应该再考虑下要求。大家你一言，我一语，很快说得小欣没了主意。

午休结束，大家纷纷开始干活。坐在小欣旁边的李姐看到小欣一副心不在焉、失魂落魄的样子，就知道她还在苦恼房子的事。很少说话的李姐这时轻声对小欣说："你真的爱你男朋友吗？"

小欣有点疑惑地看着李姐，回答说："当然啊，要不也不会想要结婚。"李姐微笑着说："这不就结了。你要嫁的是他，不是他那套房子。没有房子的时候，你都爱上他了，现在怎么反而为这个烦恼呢？"

坐在另一边的我也笑了，赞同李姐说："你们要是将来能够奋斗到自己的房子，又何必一定要在结婚前买呢？为这个损害了你们两人的感情和关系，你觉得划算吗？"

李姐又轻声说："你可千万不要弄混了他和他的房子。想一想你究竟想要的是什么，就好了。"

李姐的提示很到位、很准确，大多数人都会在这样的时刻，把自己想要的事物搞混了。究竟是想要心爱的人，跟他一起生活，一起经历风雨和暖阳，还是嫁一所房子，只为丰衣足食的日子？

听过很多为结婚而提出的筹码，彩礼数额、房子、车子，甚至新开户头上的存款，这些实在的交易究竟给结婚的两个人带来了什么？很少是喜悦、幸福和甜蜜，更多的却是争吵、隔阂，也许还有烟消云散的爱情。婚姻不是一场交易，不是给了很多彩礼，给了房子和车子，就能换来幸福和美满的生活。婚姻带给人们的，不应该仅仅是这些物质上的东西，它应该包含更多的内容。

难道因为婚姻而拥有一个可信赖的人、一个真心呵护自己的人不够好，因为婚姻而拥有了与他更稳固、更真实的关系不够好，我们才需要物质来弥补缺憾，需要索取来巩固结婚的念头？如果真是这样，那这份婚姻只能算可有可无的交易，而不是托付终身的幸福。

幸福的婚姻离不开富足的物质，但富足的物质不能替代幸福的婚姻。真正聪明的只有明白这其中的不同，在进入婚姻时才不会糊涂，不会为了一点点彩礼和房子，就毁了摆在眼前的幸福。

别和
琐碎较劲

正在筹备婚礼的同学突然打来电话，噼里啪啦一通抱怨，说结婚实在是太麻烦、太琐碎了。她还没有走进婚姻的殿堂，就已经和未婚夫闹得不可开交了。

"真不想结这个婚了！"她恼火地接连这样说。我赶忙安慰她别着急，别火大，慢慢说下究竟怎么回事。

说起来，却也不是什么大事，两个人不过因为一些具体事情谈不到一块儿，就越闹越不开心。

他们的婚房是现成的，不用买，只需要重新装饰一番就成。那个周末两人一起去看窗帘，走了好几家店，她都没看到中意的，要么质地不好，要么花色不喜欢，再要不就是价钱谈不拢。她觉得自己辛辛苦苦地一家家挑选，一次次谈判，他都像个没事人一样，只会跟着转。听到她抱怨，他不耐烦了，说她太挑剔，一个窗帘值这么费心费时地精挑细选吗？挂上一个，用几年，不喜欢了就换，能是个什么大事。她生气了，觉得他对他们的婚礼一点都不认真。吵嘴时又牵扯出前一次挑邀请函，他也是这种无所谓的态度，结果让她想找一份又独特又新颖的心思全没了。

为窗帘的事他们吵得比较厉害，她几天都不肯主动联系他。可是都要结婚了，往常也知道他不耐烦的脾气，只好忍一忍。

"可今天实在是不能忍了。"她怒火难消地说。

今天他们拍婚纱外景。拍婚纱照的人多，他们好不容易约定了今天，早早就赶去挑衣服化妆，还要去外景点拍。一大早起来，她兴致勃勃，满心幻想着美丽的婚纱照会拍出怎样的效果。他还是往常那副不在意的样子，不过态度还算好，一直陪着她，也配合摄影师的要求。

在拍外景的公园里跑了半天，大家都有些累，敬业的摄影师希望再拍几张唯美浪漫风格的照片，对他们的姿势一再提出各种要求。她很努力地按照摄影师的要求跳起来，或者摆出可爱的姿势，可他先不耐烦了，嫌这样太折腾人。他跟摄影师说不要拍那么费劲的照片了，挑几个简单动作就好。她生气了，觉得一辈子结一次婚，拍这么一次婚纱照，他还这种应付的态度，实在太过分。不好当着别人的面吵，拍完回家的路上，她开始发火，问他是不是根本就不想跟她结婚。他也生气，觉得她因为一场婚礼就变得太敏感，动不动就跟他吵，这以后的日子可怎么过？两个人不欢而散，她越想越气，越想越烦恼。

在筹备这场婚礼前，他们还相亲相爱，在一起甜蜜无间，谁能想到这些琐碎的事，这么快就要把那份感情敲击得支离破碎了。早听说过几起结婚前告吹的婚事，也听说过因为筹备婚礼而取消结婚的事，听了朋友的叙述，才明白这些琐碎原来真有那么强大的力量，可以在两个人的心里种下隔阂的种子，最后闹到分手的地步。

可是，人生路上总会遇到各种各样的琐事，需要处理各种各样的矛盾和隔阂。如果单纯因为这样就结束一段爱情，取消婚约，那显然两个人还爱得不够深。

"辛苦爱了那么久，就因为这事跟他分手，你觉得划算吗？"我反问她。

她在话筒的那一头沉默了。许久，她才轻声说："当然不想了。我是想结婚的，可是我实在是生气啊。"

那还需要多说什么呢？这些琐碎的事情从来就不是不能超越、不能原谅的。换一个角度去看，这些琐碎事情引发的冲突，可以突显两个人的差异，加深两个人的了解，这不也是一件好事吗？千万不要因为这些琐事就头脑发热，冲动地提出分手。

相爱容易，相处不易，但是感情就在这不断的相处中才会变得深厚，变得难以割舍。珍惜每一次共同经历的事情，珍惜每一份情感，爱情才能完美地升华为婚姻，才能修成自己的正果。

不要为琐碎毁了婚礼，不要强求事事完美，爱情才容易完成各阶段的转换，成就每个人的幸福。

为爱守候，
为爱远走

现实之中，不是所有相爱的人都幸福，也不是所有在一起的人都会得到祝福。很多时候，相爱的人要在一起，需要忍受太多的麻烦和痛苦。但是，这一切都会过去，都会成为生命中值得珍视的一段经历，不再扰乱我们的生活。

女人们聚在一起，最喜欢谈的就是关于爱情和婚姻的话题，某个人恋爱了，某个人结婚了，他们幸福，或者不幸福；对于爱情和婚姻，应该持有这样的观点，或者应该这样认为。大家经常热烈地讨论，甚至辩论。经常跟我们聚会的一个大姐却很少参与这样的话题，在我的印象中，她几乎从不评议别人的感情，也不评论别人的婚姻。很好奇她为什么会对这个人人热心的话题这么冷淡，借着一次机会，跟她坐在一边，聊了起来。

听完我对她的疑问，她淡淡地回答："感情和婚姻，都是很个人的东西，我们只看到了人家的表现，哪里知道人家真实的感受。所以，还是不要评论的好。"

"可是，所有人的爱情和婚姻都有些相通之处吧，大家讨论一下，也许会有一些感悟，对自己的爱情和婚姻也有好处。"我跟她争辩说。她听了点点头："你说得也许有道理，但我真的不想再谈论这些，不想因为别人把自己的往事再勾起来。"说这话的时候，她的神情竟无比落寞和无助，似乎想压住心底的往事。

看来，她也是一个有故事的人。只是她经历过什么呢？她有一个幸福的家庭，孩子刚刚上幼儿园，自己的工作也做得不错，真看不出来她会有一段怎样的伤心故事。

很久以后，才有机会听说她的故事。她刚毕业的时候是个冲动又敢爱敢恨的女孩，在同龄人中表现得很有个性。工作后不久，她谈了一场恋爱，跟一个性情、长相都很般配的男生走到了一起。他们爱得非常热烈，爱得非常深，以至于完全忽略了两个家庭的差距。她是本地女孩，家庭条件很好，可他是外地小伙，除了自己，在这个城市里一无所有。就像那些电视剧的剧情一样，她的父母不同意他们结婚，觉得他只会让女儿受苦受累。可是她也像电视剧中的女主角们一样，觉得有爱就有了一切。她不顾父母亲朋的反对，坚决要跟他结婚，甚至搬出家去跟他住在了一起。

那段同居的日子对她来说是甜蜜的，也是辛苦的。她一直在舒适温暖的家里生活惯了，猛然跟他一起住，有很多不习惯的地方。没有洗衣机，要手洗衣服；舍不得去饭馆吃饭，她学着自己做；刀切了手，热油溅到手背上烫起了包，她都没有抱怨。要上班，还要照料自己的生活，他看出来她很辛苦，加倍体贴，可是愧疚感却越来越强烈。

那时候，她家里人经常给她打来电话，劝她不要这样苦了自己，顺带骂他骗了自家姑娘。她被这些电话搅扰得想哭，却不肯就此放弃。她的父母知道女儿是个倔强的女孩，除非她愿意，否则是不会回头的，只好继续耐心等，指望哪一天女儿厌倦了那种生活，会再次回到家里。

为了爱，她愿意忍受一切，她的确也努力忍受了一切，包括父母的抱怨、亲友的不理解，还有朋友们的逐渐疏远。是她主动疏远朋友的，因为她不想让他感受到来自自己这方的反对信息。

就在她辛辛苦苦忍耐和坚持的时候，他离开了。他在一个下着蒙蒙细雨的早晨走了，给她留下了一封信。信里告诉她，他受不了她作出的这些牺牲，他配不上她。他希望她能过幸福的生活，而不是用所有的苦痛换取和他在一起。

捧着信，她痛哭流涕，为自己这么久的忍耐和坚持，为他的离开和退缩。然而她心里恨不起来，因为她知道她忍受生活带给她的麻烦和痛苦时，他也在忍受着精神上的折磨。他是一个骄傲的男生，尽管来自小地方，但他凭着自己的才学和能力，走进了这座城市，并且获得了不错的工作。但他的自信和自强却被她的家人不断打击，他受不了他们的蔑视和不屑。他从不为自己的出身惭愧，却无法改变别人对自己的看法。因为爱，他也忍耐着，忍耐了这么久还看不到希望，他决定放弃，解除加在两个人身上的痛苦。

他离开得很彻底，去了另一个城市发展，更换了电话号码。她在他们的小屋里等了一个月，虽然很痛苦，却忽然有种解脱的感觉。她不用再为家人轻视他而感到愧疚，也不用为了顾及他的感受而失去自己的朋友和亲人。她不知道他是不是也有这种感觉。当无法幸福地走到一起时，他们为什么还要坚持，把原本幸福甜蜜的爱变成一场苦刑考验？

她收拾好东西回了家，整整恢复了一年多，才重新步入生活的正轨。两个人一直没有联系，后来她再次恋爱，跟现在的先生结婚，生活变得安稳踏实。她很爱自己现在的家，也很珍惜现在的生活。她获得了所有人期望的幸福，包括他曾希望的那样。只是，那一段爱成了她不愿启封的痛，深深埋在了心底。

后悔吗？她摇摇头："没有什么可后悔的，我们都全心全意地去爱了，我们在那时都给了对方所能给的一切。"

那么，恨他吗？他这样半途而废。她还是摇摇头："为什么要恨呢？他只是作了选择，作了认为有利于我们两个人的选择。"

不能跟他在一起，也许是个遗憾，但那都成了过去。她不敢肯定两个人真的走进婚姻以后，会是怎样的情况。也许他们的爱会因为生活的种种而被磨得面目全非。这样的故事并不少，多少曾经相爱的人走到了一起，却最终在婚姻里变成了陌生人，甚至相互怨恨的人。所以，不必为已经失去的遗憾，也不必苦苦纠结于这份失去。生活就在于你经历，你珍惜，你无悔地走过了一生。

爱情真的是很复杂的情感，任何决定和举动都有它自身的原因，都可能让外人无法了解。难怪她很少评议别人的感情和婚姻，那是因为她知道其中的复杂与纠结。对于爱情和婚姻，我们或许可以评说、可以理解，却无法真的体会到身陷其中的感受和想法。

那么，就让我们接受这样的现实，接受人生给予我们的一切：为爱，可以忍受一切，也可以放弃一切；为了幸福，接受生活给我们的缺憾，但绝不因此而拒绝可能的美好婚姻。

走上红毯
那一天

这一生，我们会遭遇到不止一次的爱情。可究竟会和哪一个人最后修成正果，最终牵手走向红毯，我们并不知道。于是，我们一路懵懵懂懂，跌跌撞撞，有时还会跌得头破血流，心碎神伤，可我们依然坚持、依然寻找，等待爱情来临的那一天。

都市里的男男女女大都在孤独地奋斗，走累了，忙累了，有时回头想一想，发现这么多年依然孤独一人，不是因为不够坚强，而是因为太坚强。坚强的人们坚持各种理想，理想的事业、理想的爱情、理想的未来。出现的人不喜欢，喜欢的人不出现，我们爱的人不爱我们，爱着我们的人我们却不爱。因此，依旧坚持，不肯妥协，期待着那个叫"缘分"的奇妙东西。

岁月渐长，慢慢成长的我们终于明白，爱情原本不需要那么多奢望，只要找到一个知心的人，可以让自己坦然的人就行了。可就是找到这样一个人也似乎变得很难。看多了身边人的分分合合、吵吵闹闹，婚姻让人胆怯，但这实在不能成为我们拒绝婚姻的理由。当走上红毯的那一天，你也许会发现，步入婚姻的殿堂，其实没有想象的那么恐怖。

热播电视剧《咱们结婚吧》就可做一个借鉴。三十五岁的"恐婚男"果然与三十二岁的"恨嫁女"杨桃就经历了我们大多数人从恋爱到婚礼的心理路程。

剧中，在朋友的撮合下，"黄金剩女"杨桃和大龄男果然很不情愿地去见面。相亲路上，他们为抢夺停车位而产生冲突，直到走进相亲的酒店，才知道对方正是自己的相亲对象。两个人愤然离去，第一次接触算是告吹。在KTV里，朋友们第二次极力撮合两人，终于让他们泪流满面地唱起了歌，互诉心事。杨桃真诚地将自己的内心展现给果然，却被果然说是花痴，还劝她在恋爱和婚姻面前不要那么幼稚。两个人再起争执，走到一起变得极其不可能。

可是，打开心扉的人总能够发现对方的亮点。那次事情之后，两人虽然认定对方是自己天生的冤家，却阴差阳错地工作在了一起。日渐增长的相处让他们互相了解，很多误会也慢慢消除。杨桃发现果然"挺靠谱"，双方互生好感，甚至起了恋爱结婚的念头。就在这时，杨桃发现果然是恐婚男，根本不愿意进入婚姻。

已经敢于面对婚姻的杨桃毅然投入相亲大军，决定找到属于自己的踏实婚姻。这时候的她已经放弃了以往的空想，而是实实在在地想要结婚了。杨桃的相亲举动刺激了果然，他其实已经爱上她，只是惧怕婚姻关系而已。就在他一次次搅黄杨桃的相亲时，他还是下不了结婚的决心。

恐婚大多跟成长的经历有关，果然就是因为长在一个婚姻不幸福的家庭里，才会变得非常抗拒婚姻。克服婚姻的恐惧需要自己的决心和勇气。在爱人和家人的帮助下，果然总算克服了层层障碍，消除了心中的困惑，最后有情人终成眷属。这虽然只是一部爱情喜剧，但杨桃和果然的心理体现了现代人对婚姻的态度。多少拒绝结婚的人就是因为对婚姻没有信心，对两个人的关系没有信心，因此拒绝走上婚礼的红毯。

然而，如果自始至终都有一颗深爱对方的心，那么什么困难不能克服呢？就像果然那样，大胆地走上红毯，踏进婚姻的殿堂后，就会发现，所有的困难和挫折都可以解决，所有的惧怕其实都没有意义。

如果你爱了，那就真诚地爱，大胆地接受婚姻吧。在婚姻里，你会得到一个家，会建立新的人生关系，这就是婚姻带能给我们的意义。

走上红毯那一天，准备接受一个完全不同，但可能更加完美的人生吧。

CHAPTER

❤ 07

婚姻是次新生，爱情亲情都是修行

从恋爱到婚姻的转身，人生仿佛经历了一次新生。简单的个体构筑成一个共同的家。好好地爱他爱自己，还不够。流水的岁月里，因为这次新生，开始一场修行，会让相爱的人懂得承担与责任，懂得安享人生百态，感受岁月静好。

成长的痕迹

在爱情中被娇宠的女孩子，要在婚姻里成熟起来，才能让自己的婚姻完美。婚姻的世界不再是恋爱时的样子，不再是单纯的相恋和相处。如果没有很快在婚姻里成长、成熟起来，那么爱情和婚姻都可能受到伤害。

幸而，那个小妹妹懂得了这一点，在糊里糊涂的新婚过后，让自己迅速地成长了起来。她对我们说，终于懂得了什么是关怀、什么是牵挂、什么是婚姻赠给她的幸福。

这位小妹妹是经人介绍认识现在的丈夫的，他们一见面就觉得跟对方有缘，爱情的火花迅速燃烧起来，他们很快坠入情网，谈起了恋爱。恋爱的日子里，她就像小公主一样被他宠爱和呵护。他喜欢她撒娇，喜欢她生气发火的样子，而她也喜欢在他的爱情里肆意而为。她嫉妒他跟别的女人多说话，她不喜欢他夸奖别的女人漂亮，就是只看得见摸不着的女明星也不行。她娇嗔，她刁蛮，但在他无限宽容的爱情里都变成无比的可爱。她从不主动给他打电话，而是等候他随时的问候和汇报。我们取笑他们还真是一对儿，一个愿打，一个愿挨。

很快，他们见过了双方家长，举行了婚礼。出嫁那天，她的妈妈把她交到他手里，泪眼婆娑地说："这丫头可就交给你了。"她一点都不难受，觉得妈妈这样太矫情。她还是她那个可爱的女儿，又不是从此分离再不能见。

　　也许是家人一直宠爱她，也许是恋爱中他包容得太多，结婚后，她从来没想到自己应该承担什么责任，应该为婚姻付出些什么。习惯了接受别人的关照，她哪里会想到自己也应该尽女儿的职责，尽妻子的职责。

　　父母对孩子的宠爱可以一辈子无私，夫妻之间却无法一直这样无私。就在小妹妹的丈夫还没有提出什么异议的时候，他的家人就对她有了不满。

　　刚刚结婚，他们跟他的父母住在一起。每天上班，早出晚归，也还没有什么问题，可到了周末矛盾就显露了。她喜欢在周末的早晨睡懒觉，这是在娘家的习惯，也是他知道的习惯。可是婆婆不高兴，认为周末了，媳妇就知道睡懒觉，还得她操劳，为一家人准备早餐；可气的是儿子还护着媳妇，不替她当妈的说话。

　　婆婆没在她面前发火，只在儿子面前抱怨。她糊里糊涂、懵懵懂懂，不明白刚结婚的那几个周末，婆婆会准备早餐，后来怎么就不管了。她起来的时候，只能跟丈夫凑合着吃一点馒头面包。丈夫委婉地告诉她，老人家周末也想休息一下，她才恍然大悟原来这意思是让她下厨。

　　她有些小生气，心里很不爽，倒不是为下厨做饭的事，就觉得为什么有想法不直接说，这样拐弯抹角的好像她很刁蛮。其实她也就在他面前刁蛮一点，对公公婆婆还是相当的尊重和客气。

　　这件事后不久，她又被挑出毛病。那天晚上想喝热水，她差遣丈夫给她去倒，恰好碰见了婆婆。她的婆婆见儿子对媳妇这么唯命是从，很不高兴，说他也太惯着媳妇了，喝水都得人伺候。她听见了觉得憋屈，因为她从没觉得这个要求过分。再说他也从没有反对过，怎么到了婆婆这里，就成了问题。

她回到娘家，向妈妈抱怨婆婆多事。一旁听她讲话的爸爸插话了："你也该长大了，不能总这样小姑娘似的让人迁就。将心比心，人家肯定心疼儿子，希望你也能照顾她儿子呢。"

话虽这么说，可她就是没法进入角色，直到那次意外发生。那一天，正在上班的她突然接到婆婆电话。在电话里婆婆语无伦次地哭着说他出了车祸，吓得她直接站了起来，差点摔了手机。匆匆忙忙赶到医院，看到坐在外科诊室外的他缠着绷带，她跑过去拉着他问情况。还好他只是擦伤，并没有伤到筋骨，更没有性命之忧。但这次惊吓让她突然醒悟，原来一直宠爱她的丈夫并不是万能的神，他也是一个普通人，一个很脆弱的需要呵护的人。

那一刹那，她萌生了珍惜的念头，萌生了要好好守护他的念头。她抱着丈夫开始哭，惹得旁边的人都扭脸看他们。她丈夫不知所措，不知道娇蛮的妻子这是怎么了。回家后，她跟公婆一起照顾受伤的丈夫，渐渐缓和了家里的矛盾。她变了，变得不再像以前那样肆意享受来自他人的照顾。她开始做一些家务，主动给丈夫打电话，向他汇报自己的情况，也询问他的情况；她开始给自己的父母打电话，问候他们，跟他们聊天。她说，是到了回报宠爱的时候了，做了妻子，做了别人家的媳妇，她才明白了家人的意思，明白了什么是牵挂，明白了婚礼上母亲的眼泪。

小妹妹的婚姻终于圆满了，稳固了起来。当她懂得付出，懂得关心和爱护家人时，这一切才来到了。在婚姻里，没有一方可以永远地付出，也不能一方只是付出，只有互相关怀，互相牵挂，家才会是最稳固的联系。

虚幻的背后
是爱的真面

　　当婚礼的帷幕缓缓落下，真正的生活才刚刚开始。在童话中，故事的结尾只停留在婚礼上，说一句'从此，王子和公主过着幸福的生活'，好像一场盛大的婚礼必定就会带来幸福的生活似的。可我们不能不说，那真的只是童话。

　　脱下结婚礼服的人会发现，一夜之间他们就从琴棋书画诗酒茶，变成了柴米油盐酱醋茶，这个猛然的醒悟让憧憬幸福生活的人都大吃一惊。

　　你发现，他原来喜欢喝酒抽烟，整个房间经常烟雾缭绕，酒气熏天；他发现，外表光鲜的你原来会把脏衣服扔得到处都是，攒了一大堆才扔进洗衣桶。为了让共同的婚姻更符合自己的想象，双方都开始努力。

　　有一则《结婚七日》的小故事，就展示了这种小小的努力。

　　结婚第一天，老婆问："你爱不爱我？"他想都不想就脱口而出："爱！"老婆生气："回答这么草率，应付我！"他自责中……

　　结婚第二天，老婆问："你爱不爱我？"他吸取教训，故意沉吟不答。老婆又生气："连爱不爱我都需要考虑？你很后悔娶我吧？"他又自责中……

　　结婚第三天，老婆继续问："你爱不爱我？"他不知该怎么回答，流着汗支吾："这个，那个……"老婆生气："这个问题很难回答吗？算了，不难为你了，你不用回答了！"

结婚第四天，老婆还是问："你爱不爱我？"他决定先探探她的口风："你猜！"老婆生气："我要知道还问你？跟一个猜不透的人过日子，真累！"

接下来的第五天、第六天，她依旧追问："你爱不爱我？"但他已经没有了回答的心思。结婚第七天，他为了躲避老婆的追问，忙着做饭、刷碗、拖地，干一切能避免跟她相对的家务。就在他躲在卫生间里抽烟时，听见老婆在打电话："我老公啊，很爱很爱我，他什么事情都帮我干……"

也许你会忍俊不禁，觉得这样的女人真奇怪。然而，这就是生活，就是爱情变成真实婚姻的过程。语言上的"我爱你"可以轻巧地说出来，却无法让人完全相信，实际行动中的爱则更加真实可感。

三毛曾说："爱情如果不能落实到柴米油盐吃饭睡觉这些琐事上，是不能长久的。"的确，言辞的虚浮永远无法替代生活中那些实实在在的相处和交流。

听过朋友中一对"80后"夫妻的故事。他们都是独生子女，都在宠爱中长大。相识后，他们一发不可收拾地坠入爱河。一年的热恋让人觉得他俩好到简直无以复加，将来一定会是幸福美满的一对。

在双方亲朋好友的祝福声中走进婚姻，他们建立了独立的小家庭。那个小小的居室更像是男女混住的大学宿舍，而不像一个共同的家。两个人都坚持自己的特立独行，都试图在婚姻里改造对方，好将对方纳入自己的婚姻期望。

关于晚饭究竟谁来做、衣服谁来洗，他们争执过，还用丢骰子的办法决定过。晚饭后，他要上网玩游戏，而她想在线看韩剧；睡觉时，他喜欢开一盏小灯睡，而她要全关了灯，在黑暗中才能安然入睡；洗澡时他大大咧咧，经常把水珠从卫生间带到客厅地板上，她受不了，总希望地板能保持干燥……这些小小的习惯和争执让两个人吵架的次数越来越多。他们偶尔会按对方的要求去做，但觉得这样就失去了自我，失去了自由，有种被侵略被束缚的感觉。

后来争吵大爆发，他们俩都怒气冲天地认定跟对方结婚是自己人生最大的错误。她打包回了娘家，他不愿低头，不肯道歉。僵持了有十多天，两个人才在双方家人的规劝下再次和好。

然而日常琐事的矛盾还是没有解决，他们依然不肯互相作出让步。烦琐生活的摩擦继续着，他们心头的爱意越来越淡，剩下的就只是烦恼和伤害。最后，在一次争吵的气头上，两个人决定离婚，还跑去民政局办了手续。曾经被看好的一桩婚姻，就这样败给了生活的琐碎。

不是不相爱，也不是无法相处，只是那些琐碎的生活细节实在不容易接受。个性要强的我们不懂得在婚姻里退让，不懂得给琐碎的婚姻添加润滑剂，只能让现实逐渐吞噬曾经的爱。

回想那些走过漫长婚姻的人，有几个不曾有过磕磕绊绊和琐碎的争吵？当看清了生活琐碎的面目，那就勇敢地应对它，在应对中修习自我，完善自我，让婚姻更适合两人。

组建了一个共同的家，那就攀高爬低修灯管、搬家具，疏通堵塞的马桶；缔结了婚姻，那就系上围裙擦桌子、拖地、铺床单、洗衣服，让这些日常琐事完善婚姻。因为，只有在这些琐碎而具体的事务里不断修行，你才能找到婚姻的真谛。

吵架的艺术

结婚，相处，谁没有过争吵呢？谁不知道吵架会带来伤害呢？然而，两个不同的人带着自己原本的初心去面对一个人、去爱一个人的时候，难免会有冲突。那么，接受吵架，学会吵架，就当是在婚姻中修行的重要步骤吧。

一位朋友是闪婚，跟老公从见面到相处再到结婚，只用了两个多月的时间，这速度让我们瞠目结舌。朋友是个直脾气的人，有什么话都敢直来直去地说。她跟她老公脾性接近，婚后两人没少吵架。然而，这么多年，他们依然在一起，依然吵吵闹闹，但也热热闹闹地在一起。

她回忆他们当初的相识时说：看到他的第一眼，我就知道我要嫁的人是他。他也这么认为，虽然他们很快领证办婚礼，但他说他们没有冲动，而是先结婚后恋爱的典型。

还真是如此，刚结婚的那段时间，他们的确像刚刚进入到恋爱阶段。那时候，他们疯狂地爱着对方，都已经结婚了，却还不会相处，只会吵架。双方都有太多未知的地方需要去接触、去了解。已经结婚，她才知道他有个初恋女友，两人竟还一直联系。她生气，说他欺骗他，但他保证自己对她已经没有任何感情，只是普通朋友的关系。为了明确他的爱，她提出很多要求，不满意就开始跟他吵。他觉得她无理吵闹，两个人的冲突猛然升级。

有一天半夜，两个人因为曾经的过往又开始吵架，从家里吵到了小区的楼下。刚开始他为自己辩解，但她不听，渐渐地歇斯底里起来。他觉得房间里像打开了高分贝的音响，声音嗡嗡地轰击着他的脑袋。他不愿意这样大声争吵，闹得四邻不安，于是抓起外套，起身下楼，想避开这场争吵。她突然一反常态，穿着睡衣和拖鞋就追了下来。她不让他走，在院子里拉扯着他，哭得昏天黑地。

吵到最后，她浑身抽搐，那副痛哭的模样让他想不明白她究竟是怎么了，从来没见她的情绪如此激动。保安出面劝回了他们，他搂着还抽搐不止的她回到家里。

等她渐渐平静下来，他轻声问她："你真的那么在意我的过去？"她看他一眼，悲伤地说："我只是怕你离开。"

原来她曾经被以前的男友抛弃，那深深的伤害让她极度恐惧。尽管她坚强地站了起来，但内心的恐惧仍会时不时地跳出来。她不知道该怎样留住身边的人，她越想抓住他，就越急躁，只好无法控制地吵架、哭闹。

他这才了解了她的内心，紧紧地把她拥入怀中。

此后，他们也还争吵，但都不像那次那样激烈。他们在争吵中探寻对方的感受和想法，在争吵中展现自己的观点和意见。渐渐地，两个人很少再有实质性的争吵，更多的是斗斗嘴、开玩笑。

他知道她爱自己，害怕他跟前女友旧情复燃，就有意疏远了已经成为朋友的前女友，用更多动听的话来哄她。她逐渐信任他，不再像以前那样动不动试探他，向他发火。她明白她爱的是当下的他，只要这个他能一直爱自己，有怎样的过去又算得了什么呢。他们的婚姻开始变得稳定，走向了不离不弃。

她告诉我们，吵架是疯狂的交流。她就是在吵架中加深了对他的了解和信任。她说他们可能会一直吵下去，直到吵不动为止。说这话的时候，她脸上洋溢的是幸福，而不是痛苦。

其实争吵也好，面对面平静地交谈也好，夫妻双方需要的都是真诚面对。他们说，不管怎么吵，他们都不曾触动到婚姻的底线，他们从来没有提过离婚。

婚姻需要在漫长的生活摩擦中学习，学习相处，学习适应，学习让自己和对方更幸福。争吵就是一种学习手段，是一种另类的修行。不要惧怕争吵，不要为了避免争吵而跟对方不说一句话。冷漠比争吵更能加速感情的灭亡。

婚姻的修行中可以利用争吵，把它作为双方沟通的工具，但使用时一定要慎重，要当心。不要把争吵当成打败对方的利剑，也不要把争吵作为压制对方、俘虏对方的策略。争吵只是一种不同的沟通方式而已。

放下成见，就算是在冲突尖锐的争吵里，也要放下已有的所有成见。很多夫妻吵架时，往往会提到结婚前对方对自己如何好，但是现在却不这样了，于是心里不平衡，失去了爱的感觉。吵架时如果把这种成见放在心里，那么多好的过去也挽救不了目前的婚姻。

当岁月沉淀，爱变成一种习惯和生活的一部分时，那种因相处而形成的依赖便变得非常重要，它会成为维系两人情感的新纽带。因此，再合适的两个人结婚后，也要懂得经营感情。不管是一见钟情，还是日久生情，在结婚后难免出现的争吵里，学着经营双方的关系吧，这会让你更了解他，也让她更明白你的内心。用好了它，婚姻就会变得越来越牢固。

爱他，
还要爱他的家人

结婚之前，我们对婚姻的想象可能是有个浪漫的家，在那里窗明几净，微风吹拂着窗帘；还可能有两个人亲密的相处，一起嬉戏，一起看日落日出。可是等到结婚之后，你却发现想象的情形没有出现，倒是跳出来很多自己不曾想到的人和事。

有个同事就谈过自己的这种落差感觉。她当年嫁过去时，在婆婆家里收拾了一间房子作为新房。她倒是装了自己喜欢的窗帘，按自己的喜好布置了房间，可她没过上自己想象的那种温馨生活，反而郁闷了很久。

原因很简单。她发现自己虽然嫁给了丈夫，但他们的婚姻不仅仅是两个人的，随时随地，都有人可能闯入他们的生活，扰乱他们的节奏。

同事还记得第一次发现这问题的那个周末。那个周末，她和丈夫回她父母家里，住了一晚上，第二天才回去。一走进自己的房子，她就觉得哪里不对劲，但又没留意。准备去洗手间洗漱时，她发现一直放在桌台上的发夹不见了。明明一直放在那里，就为了顺手抓取的，怎么就不见了？她嘀咕着翻找，却发现它被放进了抽屉里。洗漱完她坐到床上，又发现放在枕边的杂志不见了。怎么回事？她仔细观察，这才发现很房间里很多东西被都挪了位置，不再是当初摆放的样子。

她很不高兴地对丈夫说："一定有人进咱们的房间了。"果然，是她婆婆趁他们不在，帮她打扫房间了。这本来是好心，可她婆婆偏要按照自己的习惯，把房间里的东西重新摆设，这让她很不习惯，也不舒服，觉得自己的私人空间被侵扰了。

后来，她开始下厨做饭，跟婆婆一起干活的时候，又出问题。她洗好西红柿，搁到菜板子上就切，一刀下去婆婆就喊：哎呀，你怎么不剥皮啊。她愣了，干嘛还要剥皮？婆婆嘀咕着说剥了皮好切，做出来的菜也干净好吃。接着又唠叨一通年轻人就是懒、不会做事的话。她撇撇嘴，心想真够烦的。她长这么大，没剥过皮也没觉得那菜就不好吃了。

最有趣的是她第一次洗衣服。那还是大冬天，丈夫有事出门，她抱了一堆衣服去洗手间洗。没用过婆婆家的洗衣机，她不好意思问，害怕婆婆又说她不会做事。自己琢磨老半天，才开始动手。刚洗了一半儿，公公探头进来看："还没洗完。"又过了一会儿，他又来看，发现她还在洗。后来公公穿了外套下楼去，她还在洗手间里忙着整理衣服。

就在她往阳台上挂衣服晾晒时，丈夫回来了，一进门就问她婆婆："这冷的天，我爸跑楼下干什么去？"婆婆在一旁大声说："上厕所。你媳妇洗衣服老洗不完，他只好去公厕了。"

丈夫过来轻声埋怨她："你也真是，不知道让老人先用用洗手间？"她觉得委屈，要用洗手间干吗不说呢？到头来还埋怨我。后来想一想，估计公公跟她一样，都是不好意思。

听她说着，我们忍不住笑了起来。她感慨说那时候才真正明白人家说的：

婚姻不单是两个人的事，你嫁给他，可不仅仅是嫁给他这个人，可以说是嫁给了一个家，你得适应、了解那个家里的人和情况。

很多时候，并不是大是大非让人产生隔阂，而是那些点滴积累的小问题，拉开了人与人之间的距离。后来她渐渐熟悉了公公婆婆的脾气，知道婆婆为人精明，比较爱挑剔，但心地很好；公公是个随和的老头，从不给她找麻烦，也就把最初的那些不爽渐渐淡忘。

她说："人家说婚姻是修行，我看没有错。那些琐琐碎碎的摩擦和碰撞，真是让我得到了不断的修行。以前我是个很不耐烦的人，碰到看不惯的人和事，就会远着躲着，懒得理会。但现在，这看不惯可能就在你的家里，怎么远，怎么躲？又不是什么了不得的事，不如接受了，慢慢磨合。"

很佩服她有这样的宽容和心胸，能想得明白、想得通透。当从一个自己熟悉了的环境进入到另一个环境里，这本身就需要学习和适应。想起很多因为家庭矛盾而吵翻的夫妻，有多少都是因为不肯在这些小事上宽容和迁就，结果把原本好好的婚姻弄到破裂。

婚姻需要接纳，需要宽容，需要努力地融入对方家庭，成为其中的一员。正常情况下，婚姻都是两个家庭的事，而不是两个人的事，不单单是跟爱人相处的事。所有生活在他身边的人都会成为我们需要了解的对象，需要我们建立新的联系。只有这样完全相融的生活才是真正的、和睦的婚姻生活。

天使为爱
来做一个证明

舅舅家的一个表妹说自己胸无大志，人生理想就是嫁个爱自己的丈夫，日子过得安安稳稳就好。

经过几次恋爱，她终于找到自己的真爱，觉得跟他一定能实现自己的人生理想。她很注重婚礼，觉得以后可能再也不会有这么风光的机会。她跟家人和朋友制订了详细的结婚计划，列出了所有该办理的事情，从购买嫁妆，到婚纱拍照，再到结婚当天的具体事宜。表妹的筹备才能在自己的婚礼上发挥到了极致，她如愿以偿拥有了一个不盛大却隆重的婚礼。

结婚那天，她是整个婚礼的焦点，打扮得漂亮得宜，婚礼场面又浪漫又热烈，足以引起未婚姑娘对结婚的憧憬，也会让已经结婚的羡慕嫉妒。婚礼结束后很长一段时间，人们还兴致盎然地谈起表妹的婚礼，讲到婚礼上种种有趣的事和触动人心的小细节，甚至有的人还照搬了她婚礼上的一些创意。

婚后的生活在婚礼的风光里延续了一段甜蜜和满足，但随着时间流逝，日子还是平淡了起来。一天天重复相同的生活让表妹觉得无聊，她觉得自己这样平淡度日简直对不起那场浪漫的婚礼。怎么就会变成这样，结婚就这样无聊吗？她开始有些郁闷，对身边的人也不满了。

经过了热恋和热闹的婚礼，表妹夫在婚后变得非常轻松，既不天天陪表妹吃饭、逛街，也不整天电话问候岳父岳母，时间又是自己的了。他回到朋友圈里，跟朋友们吃喝玩乐，有时高兴起来都会忘了表妹。表妹很生气，觉得他没有自己想象的那样爱自己。

平淡无奇的生活过了一年多，她几乎对婚姻失望了，觉得这样的日子实在难耐。她感觉不到婚姻带给她的真实感，反而觉得空虚不可靠。她结婚了吗？她要跟一个男人白头到老吗？可是他们之间有什么密切联系呢？他就像个大男孩一样贪玩，需要她不断容忍，哪里有什么"执子之手，与子偕老"的感觉？

就在表妹纠缠于自己的这些感受时，她怀孕了。她的体质不是很好，怀孕初期反应很强烈，好多天都躺在床上不吃也不动。这情形吓坏了表妹夫，那些天里，他寸步不离地守着她，和家里人想办法让她渡过难关。

怀孕的日子痛苦又麻烦，好在家人对她很照顾，连爱玩的丈夫都总是打电话回绝朋友："我老婆不舒服，我要守着她。"她听了不由从心底涌出微笑。

这个孩子的到来彻底改变了她的婚姻状况。生了孩子以后，她跟丈夫都成了懵懂无知的人，一点都不会照顾小孩。虽然看了很多书，也有老人在身边帮忙，但小家伙还是把他们整得人仰马翻。哭了是因为饿了，还是因为肚子不舒服，是太热，还是太冷？他们两个经常抱着宝宝做各种猜测，然后一一尝试各种解决办法，直到孩子不再哭泣，安然入睡。

有一晚，哭闹不休的宝宝终于安静下来，沉沉入睡。他把孩子放进婴儿床里，然后"嘭"地倒在床上，嘟囔着："这小子，可累死我了。"她躺在一边说："没想到小孩子这么难带。"他扭头看着她说："没事，有我呢。"然后他又憧憬起未来，迷迷糊糊地说："我将来要带去儿子爬山，教他打球、教他怎么追女朋友……"表妹听了不高兴地说："你有了儿子，就忘了老婆了。"

他已经显出睡意，闭着眼睛回答道："哪可能啊。这小子长大了肯定会飞走，到时还得咱俩相依为命……"看着睡着的他，表妹心里突然感慨万千，一直以为他就是个贪玩的大男孩，哪里知道他对他们的婚姻和生活看得这么深远。在他心里，其实一直是要跟她携手到老的。

那一刻，她突然明白她没有找错人，也没有结错婚，他一定会实现她的婚姻理想，只不过这将是一个漫长而平淡的过程。对她来讲，她现在的婚姻理想就是她人生修行的目的，在此后的岁月里，日复一日，年复一年，她和他才会修成正果。

表妹说非常感激小宝宝的降生，是他拯救了她的生活，给他们的婚姻带来新生，让她明白了婚姻的真谛。尽管带孩子的日子更加琐碎和麻烦，但孩子带来的欢乐和情感的纽带让她踏实和沉稳。

非既往，重今昔，就是说不要顾念过去，不要妄想未来，当下才最重要。生命的过程千变万化，唯有当下才是我们可以把握的真实。婚姻里，不必憧憬虚幻的未来，也不必念念不忘牵挂过去的美好，关注当下，关注目前婚姻里的一事一物，才能在婚姻里遇到最真实的自己和对方，才能构筑最理想的婚姻。

两棵树的修行

　　爱情是美丽的，它就像绽放在夜空中的烟花，耀眼醒目，绚烂多姿。然而爱情又是短暂的，像划过夜空的流星，在闪耀之后，终究归于平淡。

　　当爱情走进了婚姻，人生漫长的道路上，陪伴我们的就不再是美丽的温情面孔，而是终日相对的时光。在这时光里，两个人如何才能将一生一世走得完美，走得漂亮？

　　没有不劳而获的幸福。在婚姻里，要想幸福，只能依靠两个人的努力，才能完成属于自己的幸福之旅。

　　好的婚姻会让人看到人世善的一面，坏的婚姻则会展现人世的丑恶。大多数人的婚姻都徘徊在好与坏之间，都只能经过努力再努力，才能把婚姻带入幸福的天堂。

　　在婚姻的所有修行中，两个人关系的修行也许最困难。没有了当初爱的激情，没有了对婚姻生活的憧憬，曾经神秘的面纱被揭开，却发现那不是自己想象的模样，这时，该何去何从？

好朋友曾这样痛苦地追问过自己，她甚至怀疑自己是不是选错了结婚对象，作错了人生决定。她觉得自己深爱的男人也许只适合恋爱，而不是婚姻。

听她讲述结婚前后的生活。结婚前，他会一天好几个电话打给她，嘘寒问暖，甚至废话连篇。那时她会说他烦，但那烦恼里混合着甜蜜。可结婚后，他电话很少打，就是接她的电话，都会不耐烦地回应："忙，回家再说。"

他的确忙，为了兑现给她的幸福许诺，他工作拼命，经常加班。刚结婚那段时间，她缩小了自己的生活圈落，只为等待他的归来。可是，独自一人拿着遥控器，反反复复更换频道的时候，她就疑心：这是自己要的婚姻生活吗？

她其实是个相当独立的女子，有自己的事业和朋友圈子，但婚姻才是她想要的归宿。她希望能有一个完美的家庭，有陪伴她的爱人，在那个小小的角落里，她可以放松、休息，然后继续在自己的天地里打拼。然而，她找到了一个爱人，却没得到想要的陪伴。

究竟哪里出了问题呢？为什么结婚了，两个人反而变得疏远，不再像恋爱时那样亲密？难道对男人来说，追求就为了得到，得到就不再珍惜了？她跟我们讨论时提出这样的疑惑。

我们帮她分析，帮她出主意，却也有点手足无措。因为他们并没有实质性的矛盾和问题，只是两个人的关系和处境发生了微妙的变化。原先是他狂热地追逐她，而现在，好像换她追着他，等待着他了。这让她不习惯，觉得非常失落和失望。

她不想一个人待在空荡荡的家里等待他，也不想前前后后追踪着他。她知道他工作起来，并不喜欢别人打搅。那么她能做的，就是让自己也忙起来，忘掉想要陪伴的感觉。

她果然忙了起来，不但工作上忙了，还恢复了结婚前的很多活动，这些活动一度因为结婚而放弃。结果他们家的灯亮得很晚，两个疲惫的人回家后很少交流，都是洗洗就睡，第二天继续奔波。那个曾装饰一新的房子变得像个暂时栖身的旅馆，而不像一个充满温情的家。

很快，他发现了这种变化，责问她怎么整天忙忙碌碌不在家里。她反驳说他不也整天不在家吗。两个人为此冷战了很多天，他们的婚姻出现了分崩离析的征兆。

当初选择跟他走到一起，她从没想过要分手。她不甘心让婚姻就这样失败得一塌糊涂。她爱他，而她相信，他也是爱她的，只是他们都过于独立，无法恰当地相处罢了。有了这样的念头，她找机会跟他谈话，将自己的想法和感受一股脑全倒了出来。她说起自己的失望与失落，说起希望自己的家能温暖祥和，希望自己在晚上可以有个肩膀来靠一靠，但她一个人做不到这些。那次沟通起了点作用，至少他在忙碌时会给她打个电话，报一声平安。

她继续跟他沟通，自己作一点让步，就要求他也让步一点。现在，两个忙碌的人都会主动跟对方联系，说一说自己的情况，再忙也碰个面吃饭。那种牵挂的感觉又慢慢回到他们的生活里。

她说他们俩就像两棵树，各自都独立地成长着。但是他们不想孤独，所以要站在一起。然而，独立惯了的他们即使在一起，也不知道该怎样联系在一起，还是互不相干的模样。这怎么行呢？这怎么能算在一起了呢？所以，他们必须开始修行，两棵树之间的修行。

朋友挽救了她的婚姻，接受了这样一场修行，没有让他们的婚姻滑进可怕的地狱，而是逐渐变成自己想要的模样。这经历让她明白，婚姻里太多无法融合的烦恼都源于将自己的感受跟对方的对立，只求对方谅解，而自己绝不谅解。两个人都固执于自己的世界，却不肯创造属于两个人的天地。那么这只能算住在一起了，而不是真正的在一起。

这场修行最大的获益者是他们自己。两个孤立的人，像来自两个不同星球的人碰在了一起，互相了解，互相磨砺，终于能够根叶相交，融合成心心相印的两棵大树。

敞开心扉去沟通，去听一听另一半的心声，然后为他作出让步，接受他的让步，这样两个人才能真正走到一起，就像两棵独立的树最终也能枝叶相交，互相依偎着成长一样。

CHAPTER

❤ 08

激情并非全部，爱情需要供养

在激情退却的日子里，该怎样让生命
绽放出华光？激情的虚幻退化为现实，爱
情的种子需要持续的供养，沐浴阳光的情
感，会让生命持续绽放艳丽的花朵。懂得
经营，哪怕激情退却，爱情也能获得永久
的栖身之所。

为爱营造
栖身之所

　　托尔斯泰在小说中写道，幸福的家庭都一样，不幸的家庭各有各的不幸。这话真是难以辩驳的真理，幸福的家庭呈现出的都是祥和美满的样子，而不幸的家庭却各有各的原因和面貌。

　　幸福的家庭之所以都差不多，是因为每个幸福的家庭都能成为一个港湾，一个让家人停靠和汲取力量的港湾。这个叫"家"的港湾不会轻易得到，而是需要在生活中努力去营造。

　　经朋友介绍，加了一个陌生的网友，名字就叫温馨港湾。从来没有跟这个网友见过面，但从第一次看她的文字，就喜欢上了她，只要她有什么更新，就会关注着去看一看。

　　她喜欢把生活的点点滴滴转化成文字，留在 QQ 空间的日志或者"说说"里。看她的每段文字和每个心情，就能感受她温婉可爱的特性。

　　她结婚已经很久，孩子都上了小学。她的家已然是完全进入柴米油盐的平和状态，但她没有感到丝毫的乏味与无聊，而是享受着这个家带给她的快乐，并为这个家营造着美丽温暖的氛围。

从她的日志里看到，她为了打造自己的新家，花费了很多时间和精力。她细细挑选家具，装扮房间的每一个部分。她跟丈夫一起照料阳台上的花，每一朵小花开放时，她都会兴致勃勃地拍张照片放到 QQ 空间里，让朋友们一起看。

　　不知道她的家究竟什么模样，但从这花花草草来看，那一定会是收拾得清雅利落、舒适宜人的房间。

　　很少看到她埋怨干家务，倒是有几次发表"说说"，讲到自己跟丈夫大洗衣物，闹出了一些麻烦，但最后都解决了。小孩子的调皮，还有丈夫的体贴在她笔下生动万分，可以感受她充满爱意的叙述。

　　有一次，在"说说"里她提到跟丈夫一起参加同学会。聚会上偶遇丈夫当年的初恋情人，她心里酸酸的，却依旧笑着看他们同学打闹取笑。后来，丈夫当着初恋和老同学的面说自己很幸福，为妻子、为儿子而骄傲。她很感动，知道自己的心没有白费。

　　她还写道，丈夫难得地获得了几天假，可以在家好好休息几天。她很激动，觉得丈夫这下可有时间陪自己了。没想到第二天，他却跑出门不见了踪影，打电话才知道他四处拜访好久没见的朋友，痛痛快快地跟朋友们聊天呢。她发着小小的牢骚，埋怨在他眼里朋友比她重要。可晚上，丈夫早早就回来了，说跑了一天，最想的还是回家来，窝在沙发上陪她看电视。他就像喜欢四处飞的野鸟，却已经在她的驯化下，变成了恋家的鸟，飞出去也会准时飞回来。

　　她牵挂着儿子的学习，牵挂着丈夫的工作和健康。她为他们学做各种菜，还自己腌泡菜、发面蒸馒头。在一些闲暇的节假日里，她会做出美味的大餐，一家人热热闹闹地围在一起吃。这个家、这个温馨的港湾就在她的耐心和手中慢慢建立了起来。

在家里，她不仅仅只是付出的那个人，洗头发的时候，丈夫会帮她烧水拎水；过生日的时候，儿子会拿出积攒的零花钱给她买礼物。这些点点滴滴的小幸福滋润得她越加快乐，越发年轻，还犹如那个沉浸在甜蜜爱情里的人。几年过去，她的儿子已经是读高中的小伙子了，可从她的文字里丝毫看不出年龄的变化，唯一变化的只是对这个家更多的眷恋和欣慰。

她是个幸福的女人，是一个从平凡平淡中汲取了无穷幸福的女人。当爱情走进婚姻的天地，她接受了婚姻赋予她的一切，努力地营建自己的家和幸福。谁说激情退却，婚姻是爱情的坟墓？在她的家里，爱情获得了永久的栖身之所。

日子就是这样缓慢地、一天一天地度过。不要急躁，不要烦恼，为生活每天创造那么一点美好，为婚姻每天增加一点内容，日积月累，你就会发现，原来自己有多么幸福，你们的婚姻有多么牢固。

愚笨的人只懂得消耗，消耗心中的爱和所有的感情；聪明的人则懂得创造，源源不断地创造出更多的爱和感情。当生活变得普通，日子变得平缓，家的温暖就需要源源不断的爱和感情来加温。放弃一切无谓的感慨，脚踏实地地守护婚姻，才是幸福之道。

为爱供养，
何必自弃

　　一个家庭，女人的付出总比男人多一些，不说别的，单是孕育一个生命，给这个家庭增添一个孩子，女人承担的就要比男人更多。同样，因为生一个孩子，女人失去的也会比男人多，更多的升职机会，更好的事业发展机会，可能都会因为怀孕生子而失去。

　　可是，既然结了婚，组建了这么一个家庭，女人就要有勇气承担起这个责任和损失。

　　大多数的女人都不怕承担这样的任务，也不怕为孩子而付出，担心的却是自己在家中一日一日变得普通琐碎，而他在事业的打拼里越来越进步，越来越优秀。曾经站在相同起点上的两个人，可能因为婚姻里不同的责任，相互之间的差距越来越大，不知道在哪个时刻，这就演变成意想不到的一场危机。

　　然而，聪明的女人绝不会坐以待毙，任由生活变迁，肆意改变幸福的模样。他在事业进步的时候，女人也可以让自己的修为进步。他在事业的天空里翱翔奔驰，女人们也可以在家里把自己雕琢得更加出色和优秀。

再见到老同学萍的时候，大家都被她的变化震惊了，不仅仅是着装打扮，落落大方的沉稳气质更让我们惊讶。她不再是我们印象中那个有些羞涩的女孩子，而成了真正的美丽少妇。我们发自内心地称赞她，说她简直高雅迷人，我们跟她都不是一个档次了。她微笑着接受我们的称赞，缓缓讲起自己的改变。

她跟丈夫是在学校里恋爱的，毕业后工作了两年多，家里人催着结婚，也就结了。结婚后，她依旧上班，原先想等工作做烦了，再考虑要孩子，可就在结婚的第二年，孩子突然来临。她不想要，家里人左劝右说，认为打掉不但对身体不好，就是以后年纪大了，也不好生养。那时，她的工作算不上如日中天，可也是蒸蒸日上的苗头。她犹豫又犹豫，跟丈夫反复商量，决定还是生下这个孩子，事业的事以后再说。

怀孕七个月的时候，她辞了职，在家安心养胎。刚开始过全职的家居生活，她不习惯，整天忙完家务就觉得无所事事，有些空虚。但那个阶段，无论如何都要以宝宝为主，她找来各种胎教的书学习，跟未出生的宝宝进行交流。渐渐地，她不止是阅读胎教方面的书，开始买一些自己感兴趣，但以前没怎么读过的书。

日子静静地过，孩子顺利出生，整个家都忙乱起来。婆婆和公公从老家过来帮忙照顾小孩，三个大人一个娃，她就有了喘口气的空隙。这时候，丈夫辞了工作，开始自己创业。为了鼓励丈夫，支持丈夫，她很少以家事来麻烦他，让他在事业里全力打拼。

三年过去了，小孩进了幼儿园，她的空闲时间一下子多起来。这时丈夫的事业已经有了眉目，经常在外面应酬，有时还要参加一些聚会。有一次聚会回来，丈夫无意说起朋友打趣他，说他的衣服真跟不上潮流。他们夫妻俩都不是那种爱打扮的人，但这话还是让她上了心。她觉得既然自己全职在家，就应该打点好这些小事才对。此后她留意各种时尚杂志，经常观察别人的衣着打扮。在各种各样的潮流里，她给自己和丈夫选出了恰当的风格。丈夫出门聚会，再没有人取笑过他的衣饰。有时她一块参加，也会赢得别人钦羡的目光。

这件小小的事让丈夫对她刮目相看："没想到，你还有这样的品位。"她得意地回应："你没想到的还多着呢。"

后来丈夫的事业逐渐扩大，公司里的员工也增加不少，有效管理成了问题。丈夫回家经常抱怨没有得力的助手，管理总出这样那样的问题。她觉得重返职场的时刻到了，就提出自己帮忙去料理几天。丈夫不信任地说："你都好几年没上班了，去了行吗？"她淡淡地回应："我辞职前是做人事工作的，跟管理很接近。再说不行你就另找高人，也没什么大不了的啊。"

因为找不到更可靠的人，丈夫就答应她去公司管管看。到了公司，她立刻着手了解公司的现状。虽然常听丈夫说一些公司的事务，但了解之后，她发现很多问题不是自己想象的那样。心里有了底，她不急不躁地开始一项项处理，两个月后，公司的管理居然有模有样。

丈夫再次惊讶了，夸她怎么这么能干。她得意地说："你以为我在家就养孩子，整天歇着了？我这几年学习的东西不比你少。"

她对我们说，她自回家之后，就没有放弃自己的专业，反而利用这段时间好好反思了工作经历，有了很多感悟。照顾小孩虽然忙，但总有空闲的时间，很多女人把这些时间要么浪费在电视机前，要么浪费在闲聊或麻将桌上，而她却选择了学习。

现在，孩子已经上了小学，老人帮他们接送孩子，还有个保姆专门负责做饭，她跟丈夫又并肩一起，开始前进。

婚姻不是女人的唯一归宿，也不是女人的人生终点。尽管对于一个家，女人需要付出很多辛劳，但善于经营、善于利用家居时间的女人，会让自己跟上丈夫的脚步，不在人生的演变中落后。

顾家，顾好自己，多付出一点点努力，你就能获得更多的人生机会，让自己的婚姻走得更加长久。

温柔，
理解的力量

女人结婚后，都希望自己的丈夫事业发达。有个能干的丈夫，不但生活上有保证，就是在亲戚朋友里也有面子，活得风光。虽然现在已经不再是绝对男主外、女主内的时代，可赚钱养家的主力大多都还是男士。

很多女人觉得丈夫有没有能力、能不能事业成功，跟自己没多大关系，那都是他本身的问题。可事实上就像老话说的：一个成功的男人背后，总有一个好女人。妻子对丈夫的影响，绝不是想象的那么无足轻重。

小区里有一对夫妇，刚结婚的时候很幸福，两个人在家人的帮助下买了新房，又都工作过几年，小有积蓄，日子过得挺滋润。一年后，他们不满足于那种月月拿工资、天天看老板脸色的生活，决定自己闯事业，赚大钱。为了家庭的稳固收入，女的没有辞职，让男的辞了工作做生意。

做什么好呢？他们有点茫然无绪。男的以前在一家公司做技术，没有经商的经验，看来需要一步一步锻炼才行。他首先选择做销售，从朋友那里进了两万块钱的化妆品，开始推销。他每天背上一些试用品，辛辛苦苦地出门发传单，留名片，可就是卖得不怎么样。这样坚持了两个月，没有什么收入，开销就显得很大，有点入不敷出的味道。

女人觉得丈夫这样下去，非赔大了不可，就开始唠叨他，埋怨他做这个生意，还得她贴钱补给家里用。唠叨多了，男人很郁闷，干脆把手头剩余的货物全折卖给同行，退出了这宗生意。这次失败让他小受打击，但觉得自己好歹学到了很多，再做生意，应该没有多大问题。

可是他的妻子不这样想，看着损失了近万元，她开始怀疑丈夫的能力。恰好这时，有个朋友拉他合伙做生意。那时新兴起一家卖干果的连锁店，可以去总店加盟。他很感兴趣，跟朋友多次跑总店，又在城市里做调查，选择适合的开店地址。忙忙碌碌了两个月，终于敲定了所有经营的细节，只等投资开张。

听说丈夫要卖干果，他妻子大发脾气，说他真没出息，堂堂的大学毕业生，竟然做这种小买卖。又听说还得投资两万元，她死活不答应，还跟所有的亲戚朋友打电话，不让他们借钱给他。被逼无奈，他放弃了这宗生意，看着朋友红红火火地开张经营。

经过两次失败，妻子跟他商议，还是找份稳定的工作吧。可已经跑习惯的他，实在不想再朝九晚五地去某个公司签到。做了几个月不顺心，辞职后他干脆宅在家里，上上网，看看电视，整天无所事事。这大大惹恼了他妻子，找来公婆控诉他，还找她娘家人抱怨。老人们都来跟她的丈夫谈话，说他一个大男人这样整天待在家里，让妻子工作赚钱，不害臊吗？他也火大，开始数落妻子的不是："我在她眼里，什么都不是，没能耐、没本事，连做家务她都嫌这嫌那的，那我不如什么都不干，这样也就不惹她生气了。"

当着老人的面，他们吵了起来。吵闹中老人们听明白了：原来他曾经很积极地想要闯事业，可她几次三番地打击和阻挠，让他彻底丧失了信心。一个没有信心的人，怎么可能在商场上闯出一番天地呢？

讲到这里，不由想起大导演李安的故事。李安一直有自己的电影梦，他在美国读完硕士学位后，却一直找不到跟电影有关的工作。那段赋闲在家的六年时间，是李安一生中最为痛苦的时光，他要完全靠妻子的工作来生活。他在家里带孩子，每天做家务，为妻子煮饭。梦想无法实现，只能蜗居在家的痛苦让李安至今回忆起来还会说："我想我如果有日本丈夫的气节的话，早该切腹自杀了。"可是李安的妻子从来没有指责过他，只是每天平静地上班、下班。

赋闲在家的李安很痛苦，打算放弃自己的导演梦，找一份能赚钱养家的工作来做。他在小区里拿到一份职业培训报名表，打算报比较热门的计算机培训。那天晚上，他把自己的想法告诉给妻子，妻子什么话也没说。

第二天，考虑了一个晚上的妻子要去上班前，突然对李安说："安，别忘了你的梦想。"妻子离开后，李安的心里五味杂陈，酸甜苦辣翻滚不止。他最终放弃了学计算机的计划，而是继续坚持自己的导演梦。

如果没有这样的妻子，李安肯定无法成为今天的李安，他也许会变成一个庸碌无为的计算机操作员，永远在现实与梦想的失落中忍受痛苦。

结婚，组成一个家，夫妻两人就是同一艘船上的驾驶员跟乘客。如果得不到自己最亲近的人的肯定和赞赏，那么任谁都会失去努力的信心和希望。

有人说，好丈夫是赞出来的。这很有道理，因为来自于妻子的赞扬和尊重，要比任何外人的赞扬都有力量。

善待丈夫的理想，支持丈夫的作为，理解他为事业付出的辛劳，这才算得上一个好妻子。很多时候，丈夫的未来不在别人，不在他自己手中，而在妻子的理解里。

婚姻已然步入常轨，那么就为他付出你的理解，给他一个坚强后盾，让他义无反顾地去面对现实的挑战吧。

婚姻，不需要上演跌宕大戏

幸福的婚姻最怕什么？不是平淡无奇，不是日日重复一成不变，最怕的反而是折腾，是无休止的各种刺激和跌宕起伏。

我曾经见识过这么一个女人，那折腾功夫实在让人目瞪口呆。可是她折腾的结果却是一拍两散，丈夫提出了离婚。

说起来他们刚结婚的时候，也算幸福夫妻。男的家庭好，工作好，收入高，对妻子非常宠爱；女的人漂亮，性格活泼，还很会撒娇。他们度蜜月一起旅游，回来后女的就以各种借口不去上班，在家做起了全职太太。

刚开始待在家里她觉得很舒服，每天做做家务、上上网，约朋友出去购物闲逛，玩得很开心。那时候，丈夫每天回来也能吃上现成饭，两个人还真是和和美美，幸福得不得了。

可是过了几个月，她就开始觉得无聊了，每天除了家务就是上网，朋友们很多要上班，都无法随叫随到地陪着她。她一个人出去转，也没意思，就宅在家里看电视剧。有时候看得入迷，就忘了做家务，好几次忘了做晚饭，丈夫回家才急急忙忙下厨准备吃的。丈夫虽然不满，但还是原谅了她，建议她做点有趣的事，免得总这样待着无聊。

为了打发时间，她报了一个舞蹈班，说学学跳舞能健身，还能塑造美丽体型。但是年纪偏大，她又不是那种肯用心的人，舞蹈最后没有学出什么样，倒是认识了一帮年轻的朋友。这帮年轻人家庭富裕，精力充沛，会玩各种各样的花样，她跟他们一下子就结成了朋友，经常一起玩电玩，泡酒吧，或者到她的家里喝酒聚会。这些玩法淡化了她对家的责任，常常乐不思蜀，还得丈夫打电话找她。有时候，她丈夫下班回家，看到家里一地狼藉，她还有些醉醺醺的，就非常无奈。

丈夫批评她太能折腾，不顾家，她坐在他的怀里一通撒娇，跟他软磨硬泡，他也就唠叨两句，原谅了她。为了不耽搁家务，自己又能省出时间去玩，她请了个钟点工，每天按时来打扫卫生。有一天，在朋友们的怂恿下，她在家里聚会，说好在丈夫下班前就结束，可那次玩过头了，人人都喝多了忘了时间。等她丈夫开门一看，吓了一跳，一群男男女女在自己的家里又唱又跳，东倒西歪。

丈夫气急了，当时就赶走了那帮人，想要训斥她，却发现她已经醉得根本听不见他说话。

第二天，丈夫跟她郑重谈判，建议她还是上班比较好，要不然这样闹下去，他可受不了。已经很久没上班的她才不想整天早起晚归，又是撒娇，又是赌咒，她才继续留在了家里。

答应丈夫不再去跳舞，也不跟那些荒唐朋友往来后，她又陷入无聊中。空虚的状态最容易让人陷入危险游戏。

丈夫说他真受不了她这样折腾，也经不起她给他的接连不断的刺激。没有任何回旋余地，他坚决跟她离了婚。

离婚后，她深深自责，后悔不已，但一切都已经太晚，她只能面对自己造成的这番恶果。

婚姻的确平淡，但平淡的婚姻不需要各种刺激和跌宕起伏的大戏。婚姻是两个人的承诺，是一生一世的温馨相伴，而不是各种无聊杂乱的集合。家是心灵的港湾，是休憩的地方，不是那些乱哄哄的娱乐场所。没有人愿意自己的家变成喧扰嘈杂的公共区域。

结婚前，贪玩一点无可厚非，然而结婚后，就应该安静下来，守护好自己，守护好自己的家，让岁月在平淡的时光里静静流淌，沉淀出属于婚姻的平静和美好。

不能说的
秘密

堂妹打电话约见面，说是刚辞职有时间，要我陪她去逛街。堂妹结婚一年多，还不想要孩子，就坚持上班。她在一家广告公司做策划，因为思维敏捷，工作出色，才升职不久，怎么就突然辞职了？

见了面追问她，她不置可否，说还是先逛街吧，其他的待会儿再说。看得出来，她有心事，也许这辞职真有很多的内容。

逛街逛累了，我们进入一间小店喝饮料。吸着杯里的饮料，她突然说："告诉你的可不能讲给别人啊，要替我保密。"我笑着说："那你还是别讲了，这样最保险。"她捏着饮料杯烦恼地说："不讲出来我憋得难受，可这个又不能讲给丈夫听，只能给你这种信得过的人讲。""好吧，看在你这么信任我，那我就做一次你倾诉烦恼和秘密的垃圾桶。"

她说起辞职的真正原因，是她的老板有意追求她，她必须得避开。果然有内容，一定得让她讲讲清楚。

她说自己也不知道老板什么时候开始关注她的。他们公司并不大，还处在上升期，老板是那种传说中的钻石王老五，算不上大钻，可算小钻一枚。

196

靠着自己的努力，他在广告圈里人际关系很好，也积攒了一笔开公司的钱，于是办起了自己的公司。全心全意投入了公司，他终于在激烈的竞争中站稳了脚，可他本人还一直单身。

不知道他的恋爱史，也不知道他是否有过婚姻，对已经结婚的堂妹来说，他就是一个老板而已。老板的个人感情和家庭不在她关心的范围内，她只关心自己的工作和报酬。

也许是这种公私分明、毫不八卦的态度让堂妹显得与众不同，也许因为聪明活泼的个性，或者聪明能干的才能，总之老板对她动心了。还是去年年底开年会时，她意外抽得大奖，获得了一笔不菲的奖金。堂妹激动不已，觉得这是自己的运气好，现在想来，那可能是老板有意的安排。不过她当时一点都没有多心，傻乎乎地拿着奖金乐开了花。

年会结束后，老板开玩笑说："你抽了大奖，得请客啊。"她乐呵呵地说："好。"就请老板和几个同事去吃饭。

当时老板坐在她身边，两个人聊了很多，感觉上亲近了不少。那一餐说是堂妹请客，最后却是老板抢着付了款，让堂妹很不好意思。散了之后，他还主动送她回家。

也许那时候，老板就有想法了，只不过在这方面不敏感的堂妹没有意识到。

过完春节，刚开工不久，堂妹就获得升职，做了一个小小的主管。她对顺利升职有些意外，但这个工作她能拿得下来，又开心得晕乎乎，哪里会想其中有什么问题呢。渐渐地，老板单独找她谈事的情况多了起来，还会带她去见客户。两个人的交谈也逐渐推心置腹，但还都在工作范围内。情人节那天，偏赶上加班，手下人都忙完走了，堂妹还绷着一根弦迅速处理手头的事。丈夫等着她约会呢，她恨不得丢下手上的一切飞了去。

就在她收拾好办公桌，准备离开的时候，老板从他的办公室里走出来，递给她一支红玫瑰。堂妹当时就愣了。他看着堂妹目瞪口呆的表情说："情人节嘛，送你一朵花，表达一下对你加班的感谢。"堂妹放松了，笑着接过去说声谢谢就跑了。当时没在意，其实是他已经开始行动了。

又过了一个多月，一个周末的下午，堂妹收到老板的短信，说自己过生日，邀请她去给自己庆生。堂妹觉得哪有这样突然袭击的，可老板就是老板，不能怠慢，只好拉了丈夫帮忙选礼物。晚上，堂妹带了礼物匆匆忙忙赶去庆生的现场，走进饭店才发现老板只请了她一人。到了这种时候，她再不敏感也能觉出不对劲了。

碍于面子不好转身就走，堂妹坐下来陪他吃饭。他收了礼物点了菜，请堂妹好好用餐。那餐饭堂妹吃得很勉强，心里打着小鼓思虑着会发生什么事，要怎么应对。吃完饭后，老板沉默片刻，才开始说："请你来，是想告诉你，我喜欢你。"

听了这话，堂妹反而放心了，这在自己的预料之中，就没什么可紧张的了。堂妹很客气地回应："我已经结婚了。"他还在继续表白，说不在意她已婚，他可以等她，等她爱上他，跟他走到一起。他说堂妹只有跟着他才会幸福，因为他懂她，有能力给她配得上她的一切。

刚开始，堂妹心里还有丝丝的虚荣骄傲。毕竟，对女人来说，有个爱慕者是件兴奋又喜悦的事，况且她已经结婚，还有这么一个人追求，更是大大地满足了虚荣心。但听了他后面的话，堂妹暗中有些不爽：难道她现在就不幸福？他是在暗示她没有选对丈夫吗？

怎么说对面这个人也都是自己的老板，发火很不合适。堂妹避开这个问题，说自己得回家了，再晚丈夫就要着急了。

第二天上班的时候，堂妹很痛苦，不知道怎么面对老板好。她好不容易做到今天，一下子放弃真是心有不甘。可是老板追求她，她又怎么能安心工作？她思来想去觉得没必要把这件事告诉丈夫，免得惹出更多麻烦。

时不时地，她会接到老板的暧昧电话或短信，这促使表妹下了决心。她明确答复他：她不接受他的感情，希望他不要无谓地等自己。

堂妹爱自己的丈夫，爱自己那个小小的家，她不希望有人破坏，也不想自己破坏。于是她写了一份言辞恳切的信，辞掉了工作，没有惊扰丈夫，就这样让一个烦恼悄然消失掉。

被人追求，有人爱慕，是让每个女人都兴奋的事，但这小小的虚荣心对已婚人士的家庭幸福没有任何意义，反而会引发家庭矛盾。不如把这小小的秘密隐藏在心，依偎在爱人的身边，那就是顾好自己，顾好这个家了。

CHAPTER
♥ 09

绘制爱的蓝图，家庭不是全部

　　当婚姻面对纷繁多彩的世界，当我们寻求更精彩多样的人生，什么才是生命的全部？也许，只有不离不弃又彼此独立才是最稳固的状态。不放弃温暖的家，那是一个人生赖以生存的根系；不要放弃梦想，那是一个生命得以翱翔的天空。

要"女权"，
不要"主义"

人们很喜欢用双刃剑来做比喻：金钱是把双刃剑，能带来幸福，也能带来痛苦；网络是把双刃剑，让生活便利，也会带来很多麻烦；时光是把双刃剑，让你拥有一切，最后又失去一切……

生活中的双刃剑很多，每一把剑运用不当，都可能砍到自己。婚姻也是这样。婚姻可以带给人安稳、平和，可以让心灵宁静，但婚姻也可能成为负担，成为压在我们心灵和身体上的重担。

那一天在一家餐馆吃饭，身边坐着两个女人，边吃边聊天。其中一个情绪不佳，不停地长吁短叹，诉说着日常生活中的种种问题。从她的谈话可以判断，她是被婚姻束缚的女人，正承受着无比巨大的压力。

忍不住看她一眼，是很普通的一个女人，衣着得体但不花哨，略微化妆但脸上透出难掩的疲惫。她应该是职业女性，但一定也是家庭主妇。听她对朋友说："我也不想迟到，每次被扣奖金，能不心疼吗？可做早餐、收拾房间，还要送宝宝去幼儿园，那么多事，有一点差错，我就赶不上公交车了。"

朋友说她："你不叫丈夫帮忙，肯定有你受的。"她无奈地说："你也知道他，根本不会做家务，帮忙就是添乱。宝宝也不让他送，非要我送。"

"都是你以前惯出来的毛病。"朋友很不客气地说她，"什么事都不让他插手，孩子自然跟他生分。"

她慨叹着："那不都是女人分内的事？他根本做不好，而且他工作又忙。"

朋友又说："那你就辞职做全职太太啊，这么辛苦两头奔命，谁受得了。"

她连连摇头："靠他的工资哪里成？我好歹也赚些钱。孩子的花销可大着呢。"

朋友只好叹口气说："你既然要这么干，还埋怨什么？"

她沉默了，似乎也不好再说什么。

她的经历让我想起一位阿姨。这位阿姨经常跑来家里来向我的母亲发牢骚抱怨。她不满地陈述自己为家庭的付出：当年有一次升职机会，因为要照顾生病的婆婆放弃了；后来为了照顾丈夫的事业和高考的儿子，她在事业还不错的阶段放弃工作，回家操持家务。繁忙的工作和家庭事务让她压力倍增，一碰到不顺心的事就发牢骚，抱怨家人。她说自己就是想把憋在心里的不痛快都说出来，说完了还是该干什么就干什么。可现在，丈夫嫌她话多，儿子顶撞她说她管得太多。她委屈得能哭出来：为什么为这个家付出了这么多，还得不到家人的认可？

从这位阿姨的身上，我似乎看到了餐馆里那个女人的未来。如果她不调整自己的婚姻，那么将来很可能也是这样的结局。

很多结了婚的女人都会出现这样的情况，在不知不觉中被婚姻的枷锁套牢：刚结婚的时候以家为重，渐渐成为习惯，等到发现家里大小事务都需要自己管时，又感觉太累，要求丈夫帮忙，却发现他无法达到自己满意的程度，干脆还是自己来。生活的压力不断增加，不满和抱怨暗自滋生，在抱怨和付出中，女人逐渐失去原先的可爱，变成人人都不喜欢的黄脸婆。

怎么会出现这种情况呢？女人们经常走到这种尴尬境地时，才发出这样的疑问。可这真怨不得别人，就像那位朋友所说："你要太能干，还抱怨什么？"

家不是一个人的，家也不再是女人唯一的生存空间。当女人和男人一样走出家门，承担社会职责时，就要学会让男人也分担家庭的责任，共同来承担一个家。

爱不能单纯地付出，婚姻和家庭也不需要单纯地付出。在婚姻里，千万别把自己变成保姆，变成那个只有在服务家人时才被想起的人。女人是妻子，是母亲，是需要尊重和呵护的家庭一员。不能等待别人赋予你这样的身份和地位，而要自己正确地争取和维护。

让丈夫跟自己一起做家务，就算他做得很糟糕也不要抱怨，不要指责，更不要就此一人承揽；不妨让丈夫多带带孩子，跟孩子玩耍，在理解了父亲的身份之后，他一定会承担起父亲的职责。

进入婚姻，女人就需要更为开阔的眼界和思维，维护婚姻与自我世界的平衡，才能让自己的心态平衡，才能构建出更为稳定的家。

学会依靠自己

最好的夫妻关系是怎样的？你可以找到很多词汇来形容，比如相濡以沫、不离不弃，他是你的大树，你是他的归宿，等等，等等。我的一位大学同学却这样回答："好的夫妻关系应该是彼此像两棵大树，谁也别做谁的藤缠着对方。两个人要彼此独立，但在内心要建立起相互信赖、相互依恋的关系。"她说这是经历了自己的婚姻才找到的答案。

她跟丈夫是在大学认识的，毕业后留在了同一个城市，因此没有分手的必要。工作两年后，他们决定结婚。在那两年里，她的事业很不顺利，碰到的公司要么不合心，要么就是跟老板不合。多次的打击让她就想好好做个家庭主妇算了。

结婚前后，她处在半失业状态，帮朋友做一些编辑的零活，赚点小钱。不过这无所谓，她丈夫的工作很不错，收入一直挺高，不在乎她能不能赚到钱。在双方家长的帮助下，他们买了一套小小的两居室，简单装修后就举行了婚礼。

结婚后，她全力以赴地找工作，进了一家相当不错的企业，做行政方面的工作。可没想到她那份工作会那样忙，领导们布置的任务琐碎到极点，不但要有很大的耐心，还要承受不断返工的折磨。她经常被要求加班，就算事情已经做得差不多了，也得陪人家耗着时间，有时候还要被拉到酒桌上吃饭。

就在这忙忙碌碌的时期，她发现自己怀孕了。可还没来得及请假，身体不好的她就流产了。流产后需要休养，公司很无情地让她辞职，连一点补偿金都没有。她对工作彻底失望了。

回家养好了身体，她打算再次找点事做，结果第二次怀孕了。这一次，她不敢忽视身体状况，乖乖在家休养。公公婆婆也来一起住，好有个照应。过了最危险的几个月，她的状况逐渐好转，每天挺着个大肚子，打理各种家务，觉得精神上也比较舒畅。可就在这期间，她感觉到婆婆跟公公对自己的轻视。

有一次，也不知道为什么事，她反驳了婆婆两句，坚持自己的做法，没想到婆婆脸色一变，随口说："吃穿用都靠我儿子养着，还这样顶我的嘴。"她一下子愣住，回到自己的房间，眼泪就下来了。

虽然公婆跟自己住，说是照应她，其实家务基本都是她做的。她挺着个大肚子做什么都毫无怨言，怎么婆婆还这样说她。哭过后她想了想，也是，毕业这么久，她真没赚什么钱，现在的确是丈夫养着她。

她暗暗下了决心，不管怎样，将来也要出去工作，找一份能让自己抬起头的事做。她不再跟公婆怄气，专心养胎，有空闲就看看书，看看网上的新闻。她寻思着自己将来的出路。

孩子出生后，家里非常忙。对于如何养孩子，丈夫也认为她没经验，什么都听他父母的，甚至晚上都不让她再抱孩子。她一改往常柔顺的性格，坚持做母亲的权利，好歹没有被公婆排挤出孩子的视野。她曾听到婆婆对她丈夫说："你这个老婆靠你养，还一点都不听话……"

辛辛苦苦熬了一年多，孩子长大了，照顾起来没有那么费力时，她开始抽时间实践自己的计划。她决定发挥文学方面的特长，写网络小说。很早以前，她就写过，在一些网站上发过文，但都没有坚持下去。这一次，她详细构思了自己的故事，开始持续不断地在小说网站上发。功夫不负有心人，在她写了有七八万字的时候，网站编辑联系她，要跟她签约。网站开的稿酬不高，但只要每个月完成一定量的字数，她就算有固定收入了。到这时，她长舒了一口气。

　　一边在家照顾孩子，一边写网络小说，她的心情也好了起来。得知妻子在家写稿子赚这点钱，她丈夫觉得无所谓，那么辛苦干吗啊？可她不这么想，因为这份辛苦是支撑她骄傲站在丈夫一家人面前的支柱。

　　自从她有了一点收入，婆婆虽然还是有些瞧不起她，但不像以前那样公然说些难听话。她打算等孩子再大一点，就找个全职的工作来做。不管怎样，她都不要沦落到被丈夫养的地步。

　　所以，不要轻易放弃自己的特长，不要轻易放下自己的事业。作为独立的人，拥有独立人格的人，没有事业这个立身之本，什么都是空谈。

　　我们当然可能碰到真爱自己的丈夫，可以拥有比较舒适的家居生活，但人生充满意外，婚姻也不见得会永远平和幸福。所以，事业和工作能力是我们人生的另一道护身符，是让我们能够在波折起伏的人生中把握命运的保证。

　　那么，在家庭之外，寻找自己的事业吧，那会让你站得更稳，走得更坚定，也会让你在婚姻里，保持自己应有的地位。

空荡荡的房间
满满的心

　　周末跟同事逛街，她带我去了她姐姐的小店。

　　小店很小，开在一个繁华地段，生意相当不错。我们去的时候，她姐姐跟店里唯一的雇员正忙着开张。小店里摆满了各种各样的小物品，有精致的玻璃器皿，还有古香古色的铜饰品，小店的墙上挂着特色鲜明的画，还有绣好的十字绣成品。这样的小店最吸引女孩子，不管是随便转一转，还是专门来挑礼物，看到小店门口的装饰，大多数女孩子都会走进来。

　　我们停留了片刻，店里就来了几位客人，狭窄的空间立刻显得拥挤，她姐姐就邀请我们去旁边的快餐店坐一坐。

　　我们在快餐店里随便点了吃的和饮料，边吃边聊了起来。

　　同事的姐姐神采飞扬，看不出来已经是个七岁孩子的妈妈。她很为自己的小店骄傲，还打算把店开到网上去，那样就能紧跟时代的潮流，不至于落伍了。

　　说起她开店的经历，她回忆起几年前的感受。

　　她跟丈夫结婚后一直上班，她是一名普通职员。怀孕后，她就辞职在家，做起了全职太太。孩子出生后，公婆不愿意帮忙带孩子，她就雇了钟点工，每天辛辛苦苦养育宝宝，照料家庭。看着孩子一天天长大，她充实，她快乐，一点不觉得人生有什么不完满。当宝宝三岁的时候，她把孩子送去了幼儿园。那天回家后，面对没有宝宝的房间，她突然觉得非常孤独，非常空落。忙完家务坐在客厅里，她发现还有大段的空闲时间无法填补。生平第一次，她感到自己的生活居然会出现无法填补的空白。

从繁忙突然落进空闲，她一时适应不了，只好给自己找些事情来做。她看电视，跟其他主妇聊天，可还是觉得心里空空的，不踏实。有一阵，她沉迷于打麻将，有一天忘乎所以，竟然忘记接孩子回家，结果孩子一个人在幼儿园等了两个小时，老师不得已通知了她的丈夫。当丈夫带着孩子找到她时，她还在麻将桌上奋战。

那一晚她跟丈夫吵架了，她明知道自己不对，可还是跟他吵。

她现在明白，那时候的自己需要宣泄，需要调整自我，好应对生活里突然出现的空虚。

第二天，她待在家里收拾东西，发现家里已经积攒了很多旧物件，她打算把它们彻底清理一下，好让自己忙起来，不再去打麻将。收拾的时候，那些东西让她回忆起了曾经的自己。

青春的记忆和梦想都已经飘远了，她轻轻感慨着，抚摸着那些还留有青春印记的照片、贺卡和笔记本。那时候，她想象中未来的自己是什么样呢？她能想到今天的自己会是一个备感空虚的家庭主妇吗？这些想法触动了她掩藏很久的愿望——她要做回自己。

她曾经有很多梦想，其中最实在的一个就是拥有自己的小店。在她还是个女孩子的时候，跟朋友们逛街，她最喜欢进那些琳琅满目，摆满各种漂亮物件的小店。在小店里，她常常幻想自己如果是老板，会怎样布置自己的店，会出售一些什么东西。

有了这个想法，她浑身都充满了劲儿。收拾完旧东西后，她开始准备实现自己的梦想。

她坐在桌前列了一个简单的计划，打算照计划一步步实施。随后的几天，送孩子进幼儿园以后，她就通过各种途径了解饰品市场，还找朋友咨询开店的情况。梦想要变成现实很麻烦，可这却能激起人的生活乐趣和动力。在她筹备得差不多的时候，她跟丈夫商量开店的事。丈夫开始不愿意，觉得她没必要这样折腾，还是照顾孩子更重要。她开玩笑说："这种小店投资又不大，你就当我打麻将输了钱。你想想，你愿意我打麻将输钱，还是开这么个小店，也许能赚钱？"

她的丈夫当然不希望她继续沉迷在麻将桌上，就答应了她的请求。租小店，进货物，布置小店，这的确花费了她很多时间，却让她整个人显得积极向上。刚开张的时候，因为不大懂得经营，她没赚到钱，弄得很紧张，都想关门算了。幸亏那时丈夫换了想法，觉得她开这个店，人变得充实，对家对她都有利，就支持她继续做下去。有了丈夫的支持，她当然更努力，积极总结失败的教训，调整经营方式。如今，小店已经盈利，她还雇了一个女孩来看店，自己不那么忙，还能好好照顾孩子。

做主妇的日子会很忙，但现代生活也容易让主妇们变得空虚。当丈夫上班，孩子上学后，做完家务，那些空闲时间该干吗？这时候，别忘了做回自己，别忘了人世间还有很多值得去做的事。

也许不是每个人都有创业的梦想，但在你的心底，一定会有自己非常想往的事情。那么，就用这些时间来实现你的梦想吧，别让空虚侵蚀了你的灵魂，掏干了你生活的意义和乐趣。

当房子空了的时候，千万别让自己也成了空落落的一个壳子。

做个
不依赖的女人

　　新来的同事很爱打电话，经常在过道的窗子下打电话。那天我们几个人从她身边经过时，她刚好挂断电话，有人随口问她："你怎么这么多电话啊？"她害羞地笑一笑，说是给丈夫打电话呢。同事们开玩笑说新婚夫妇还就是黏糊，上班时间都不忘煲电话粥，真是一刻都离不开啊！她不好意思地笑着，没有回应，迅速走回了办公室。

　　这位同事比较害羞，让人觉得柔柔弱弱的，很惹人怜爱的样子。想着她的丈夫一定是她坚实的后盾，要不然她也不会这样黏着他，动不动就打电话。可是，过了一段时间后，她的电话少了，有几次打完电话后显得很沮丧，没精打采的。

　　又在楼道里碰到她，发现她拿着手机呆呆地看窗外。大家已经比较熟络，就停下来问她怎么了。她叹了一口气，幽幽地说："我在想，我丈夫是不是不爱我了。"这是怎么回事？难道他们的感情真就变得这么快，不到一个月的时间，就不爱了？

　　安慰她几句，叫她别乱猜，哪有刚结婚不久，就不爱了的。她叹口气说：

"我这几天打电话，他都不耐烦接。其实我也是有事才找他。"

听她絮絮叨叨地说完，才发现还有这么依赖丈夫的妻子。她说自从认识丈夫后，她就特别依赖他，什么事都要跟他商量。他们一起挤地铁，都得丈夫从后面护着她推着她，她才能顺利地挤上地铁。要是哪天丈夫没跟着她，她就心慌，非得等自己排到最前排，才能上车。

丈夫也管家里的事，经常是他买菜、做饭。很多时候，他加班回家晚，就带晚餐，两个人一起吃。她觉得有丈夫这样照料着很舒坦，是那种非常放心的感觉。现在，她什么事都想跟他说，有时候工作上碰到什么问题，都要给丈夫打电话。这几天，她一打电话，丈夫就说忙，晚上回家再说。几次下来，她就有些惶惶不安，觉得丈夫可能不爱她了。

听完她说的话，心里不禁诧异，她都结婚快一年了，怎么心理还这么不成熟。可现实中就有这种依赖心理特别强的人，他们会把自己所有的情感重点、生活重点都放在对方身上，一旦觉得对方不能回应这种依赖，就会变得患得患失。想了想，我安慰她："也许他真的忙啊。你想，你们都工作这么久了，他怎么说也得在工作中承担大量责任，可能开会或者忙其他的，所以暂时分不出心思管你。晚上你回去跟他好好沟通，别瞎想了。"

过了几天，她的情绪还是不好，工作空隙，她找我们几个比较熟的人聊天。她说她丈夫给她说的，跟我告诉她的一样。他现在是很忙了，可她如果没有他照应着，不帮她，那她可怎么办啊？

看来她真是依赖丈夫太久了，已经在心理上形成了惯性。这还真需要慢慢地转换才行。我们告诉她："再好的丈夫也不能总依赖着，毕竟他有他的工作和活动空间，不可能全心全意地陪着你，照顾你。如果这种依赖变成了拖累，那么就会消耗两个人已有的感情。时间长了，他可能就会觉得厌烦，而不是觉得你爱恋他。在婚姻里，依赖应该是双方的才行，你可以依赖他，如果他累了，也可以依赖你，这样两个人才能更长久地相处下去。"

她若有所思地点点头。我们还告诉她："你要相信自己，其实你不比任何人差，很多事情，不一定都得丈夫帮忙才能解决。"

听了我们的建议，她开始了自己的转变，先是给丈夫的电话少了，许多事情都自己决定。不适应的几天过去后，她再也不依靠丈夫才能作决定了。后来她还学习做饭，当加班晚归的丈夫看到她准备的饭菜时很吃了一惊。她也不再疑心他不爱她了，因为她发现，现在是丈夫离不开她了。

不管是在爱情里，还是在婚姻中，我们都希望有个宽厚的肩膀可以依靠，可以安慰尘世中忙碌而疲惫的心灵。可是，没有任何一个肩膀可以让你随时随地地依靠，也没有一个肩膀会永远让你依靠。生活中存在着各种各样的意外和风险，唯有自己坚强地站立，才能成为自己最终的依靠。

没有人会拒绝坚实的肩膀，如果有机会，人人都想要这么一个依靠的。但一味地依赖只会让人变得软弱，变得更没有勇气面对现实。所以，即使在婚姻里，也放弃依赖的想法吧。当真正放弃了依赖，自己也撑起一个家时，你就会发现，原来你一点都不软弱，原来你也可以拥有更广阔的天地，成为别人的依靠。

母子的定义

家庭会让你获得心灵的宁静，事业却让你实现人生的价值和社会价值。作为一个已婚的人，可以拥有家庭和事业，但是在家庭与事业不能兼顾的情况下，你要家庭，还是要事业？

这恐怕是很多女性都面临的问题，但不同的家庭条件促使不同的女性作出不同的选择。选择家庭也罢，选择事业也罢，只选其中一个都会让人的心里充满缺憾。最好的方法是尽量平衡这两方面的冲突。

可能有人觉得太难了，这简直是不可能的。然而，只要在必要的时候作出必要的选择和让步，这就不是不可能的事。

当教师的朋友说起她的经历，就足以说明这个问题要解决起来并不难。

朋友结婚晚，在结婚前就以工作认真勤奋而出名。结婚后她继续工作，直到怀孕生产前一个礼拜，才向学校申请了产假。因为晚婚晚育，学校给了她八个月的假期。孩子长到六七个月断了奶，就没有那么难带了，她不再忙到喘不过气来，可休息两天后，她就觉得整天闷在家里很难受，盼着能早早回到工作岗位上，继续工作。

有婆婆跟公公照料孩子，她上班很放心，重回岗位后，很快她就全心投入了工作。

孩子一岁多的时候，正是黏着父母的年龄，每次看到她要走，孩子都哭哭啼啼要妈妈。她虽然心里有点小难受，但想每个小孩都这样，就没什么可大惊小怪的了。新学期开始，她带了高三毕业班，又是班主任，又是备课组长，压力变得非常大。

她是那种压力越大，越要争口气的人，一工作起来，真是什么都能放下不管。也不知道从什么时候开始，孩子不再黏着她了。很多次，她走的时候孩子还没有醒，等她从学校回到家里，孩子又已经睡着了。她有时看着熟睡中的孩子有些愧疚，可一想到将来还有时间相陪，就安心了。

到了放寒假的时候，学校里补了几天课，她又开这会、开那会，等到终于回家时，都已经接近年尾。丈夫抱怨她，说她对工作也太关注了，这个家简直就成了她过夜的旅店。她让丈夫多体谅她，说高考压力这么大，她今年扛过去，明年就有空了。丈夫说："我体谅你，孩子都要不认得你了。"

听了丈夫的话，她心里一惊。可不是，现在孩子真的跟她疏远很多。有时她逗孩子玩，孩子都很勉强，一看见爷爷奶奶，就亲近得不得了。看着孩子在老人怀里撒娇，抱着爷爷奶奶的亲热劲，她莫名地有些失落。

寒假很短，没等她跟孩子建立起新的亲密关系，繁忙的工作又开始了。她不知不觉重新陷入原先的状态，每天早起晚归地督促学生，组织备课小组的活动。作为班主任，班级里的事情需要及时处理，还要跟学生家长联系，沟通各种问题。这些事务让她日子充实，也让她筋疲力尽，一回到家就软软地躺在床上不想动，更别提照顾孩子或者处理家务了。

春末夏初的周末下午，她休息在家，跟丈夫一起看孩子，让公婆出门去转一转。公公婆婆刚走没多久，她的手机就响了，是学校打来的。她班上的两个住校生在宿舍打架，政教处值班的老师已经赶过去处理了，可想到她是班主任，这事还得通知她一下，就打了电话。

事情已经暂时得到处理，她却在家里坐不住了。这两个学生都是重点培养的对象，如果情绪有问题，肯定会影响到成绩。她左思右想，心里放不下，还是决定去学校尽快处理问题。留下孩子跟丈夫，她急急忙忙出了门，没在意丈夫的不满和孩子的哭声。

那天下午忙完就到了晚自习的时间，她又坚持到晚自习签到后，才回家。一回到家就发现家里气氛不对，人人都拉着脸，丈夫更是愤愤不平的样子。她一眼看见坐在沙发上玩耍的孩子，发现孩子脑门上裹着纱布。她急忙走过去看，问孩子怎么受伤的。公公说是从小板凳上摔下来，磕到桌子角了。她生气地斥责丈夫："你怎么这么不小心？这要留下伤疤怎么办！"忍了很久的丈夫发作了："你是妈妈，你管过孩子几天？摔伤了就怨我？你根本就不是个称职的妈妈。"

她想跟丈夫吵，被公公婆婆拦住了，说别吓坏了孩子。这之后，她跟丈夫的关系也出现了不合。

高考结束，她终于可以休息几天了。可这时已经两岁的孩子跟她相当疏远，她怎么哄，孩子也不愿意跟她多玩会儿。丈夫的不理解她还能忍受，可孩子的疏远让她十分难过。

在大家聊天时，她说到自己的这些苦恼。我们都认为是她没有平衡好家庭和工作的关系。工作是永远也做不完的，可孩子的成长只有一次。失去母亲陪伴的童年，对孩子来说是损失，对母亲来说同样是。"难道你的工作就真的那么需要你，而抽不出一点多余的空闲吗？"她陷入沉默，许久以后才决定，要回到孩子身边。

新的学期开始了，她辞掉备课组长的职务，承担了压力较小的低年级课程，这样就可以有时间多陪陪孩子。早晨不用太早到校的时候，她就送孩子去幼儿园。周末除了必要的工作外，她省掉了一切事务，跟孩子在一起。渐渐地，她又融进孩子的生活，孩子跟她这个妈妈也亲近了起来。

对我们来说，工作重要，做好工作也很必要，但不要把生活的重心全部放在工作上，因为工作不能成为一个人的全部。生命的历程只有一遍，孩子的成长不能逆反，当你沉浸在无休止的工作中时，别忘了孩子会悄悄地长大，等你回身再注意时，他们可能已经远离了你。

放弃一些无所谓的职责，减少一些不必要的应酬，相信你就会多出很多时间陪陪孩子，陪陪家人。这并不难做到，只要你适时地说"不"就行。

CHAPTER

❤ 10

家庭不是战场，婆媳没有战争

　　当带着爱的喜悦迈进婚姻的殿堂，两个人站在了世界中央，两人的世界从此交联，才发现，没有人能在婚姻里完全拥有对方。那些人、那些事，让你苦恼，让你斗争，甚至让你哭泣与绝望。你才明白，两个人的婚姻原来也是众人之事。

孝顺的模样

　　父母们都期望将来老了的时候，孩子能对自己好；作为子女，成家立业后，也会想到父母多年养育的艰辛，想在父母面前要尽一份孝心。孝顺，这个中国传承多年的人伦要求，现在仍然是生活里的道德要求。

　　父慈子孝，母慈子亲，一家人和和美美，那当然是最美好的家庭了。可是，孝顺却总会在不经意间改换了面目，呈现出我们意想不到的模样。

　　有人在网络论坛上发帖子，抱怨自己的丈夫太孝顺，让她感觉很不爽。寥寥几句话，引起了很多跟帖者，有跟楼主一起抱怨的，也有批评他们不尽孝心的，还有的说这的确是个难解的家庭问题。

　　仔细看了看那些孝顺的事例，发现有些很正常，没什么可抱怨，然而有些却让人惊诧了。

　　有一位网友举到了丈夫孝顺的例子，说丈夫对他父母唯命是从，从不违逆，就算他的父母错了，也不反驳，而是绝对顺从。她说到装修新房时，就恼火了一阵子。她跟丈夫已经确定了大致的装修风格，找了装修公司准备着手进行。在施工前，公公跟婆婆跑去新房看，因为他们也要住进去的，就跟施工队提了很多自己的要求，房间什么颜色，厨房什么的大致怎样。施工队打电话给她丈夫，问究竟怎么弄。因为孝顺，最后还是参照老人的意思进行了新的装修设计，为此闹得施工队也很麻烦。

她生气的是，刚开始向两个老人问装修意见，他们都很好商量地说"你们看着办"，结果又插这么一手。她跟丈夫争吵，丈夫反而说她太多事，不就是个房子吗，怎么装修不都能住人。

这也算了，住进新房后，新的问题又出现了。她的婆婆掌握了厨房大权，早餐晚饭都是她来做。刚开始她觉得也好，自己省心，免得做饭不合他们口味，又是矛盾。过了几天她发现，他们做饭是根本不考虑她的口味的。老两口爱喝豆浆，天天早晨打豆浆，她希望早餐能多几个花样，婆婆却说改花样太麻烦。晚饭的时候，饭桌上的菜肯定炒得过熟，而且调味很淡。他们说要养生，不能吃太硬的，口味也不能重。她嘴上不好说什么，可饭菜吃在嘴里很不是滋味。

她看得出来，丈夫也受不了这样的饭菜，经常找借口在外面吃饭。她跟丈夫说："能不能跟你妈好好说说，别这样炒菜了。或者你让她备好菜，我回来做也行。"但丈夫就不说这话，还让她多忍耐，说父母年纪大了，顺着点好。

公公婆婆爱儿子，她看得出来，可那种爱法有时让她受不了。丈夫好歹都结婚了，可公婆却经常要丈夫去他们的卧房聊天，等他们睡了再回自己的卧房。奇就奇在她丈夫从来不抱怨，真的就那么听话。"这究竟算什么？"她生气地发问。

有人说生活里就是存在各种各样我们想不通的人和事，在我们看来很古怪的地方，也许人家就觉得正常。这真是没错。还有人说对这样的家庭问题，要么忍耐，要么解决，发牢骚是最没用的，只会让自己更生气，跟丈夫的关系越来越糟。

的确如此，对于婚姻中的这些具体问题，与其积压在心里变成难以化解的疙瘩，不如坦然面对，积极地寻找解决办法。发牢骚、抱怨是没有用的，不如坐下来想一想，谈一谈，寻找解决的方法。

有人提议楼主跟老人分开住，这也许是个不错的办法。只要对父母有那份心意，惦记他们，经常去探望他们，必要时帮助他们，这不也是孝顺吗？

上了年纪的父母，如果身体健康，有自己的活动空间和习惯，那么分开住也有好处。不需要再为子女操持家务，不需要再围着子女团团转，这既让自己休息了下来，也让子女能够迅速成长，去建立他们的家。

如果两代人真的需要住在一起，那么理解和沟通就变得非常必要。人们说一定要孝，但不一定要顺，必要时跟丈夫协商，跟公婆交流，别让孝顺变成扭曲的模样，损害了夫妻关系、亲子关系，还有正常的家庭幸福。

男人不需要一味地盲从，表现自己的孝心，女人也不需要为这个大动肝火。老人希望的也许就是那一点点被关心被照顾的感觉，多了解他们的心愿，多体会他们的心情，孝顺就能孝到重点上，让大家都合心满意，不再矛盾四起。

婚姻中，
有些人叫亲戚

家家有本难念的经，这话简直就是无可辩驳的真理。在婚姻里，以为会跟丈夫闹矛盾，会跟公公婆婆闹矛盾，却想不到还会跟身边的亲戚闹矛盾。

中秋节的前夕，大家欢喜雀跃，为放假而欢呼。有人在群里发出回家团圆的图片，大家纷纷跟着发言。有的说已经买了车票，准备回家；有的说已经买了过节的东西，回家后要好好放松。就在大家七嘴八舌地聊着过节计划时，一个群友发出了一张愁眉苦脸的图，说她过节一个人过，丈夫回家她不回。人人都很纳闷，追问她这是怎么了，大过节的为啥还跟丈夫闹。

她幽怨地说跟丈夫没闹，就是不想回婆家。也不是跟公婆有什么矛盾，而是她害怕见公婆家里的那位嫂子。原来是妯娌间的问题啊，我们都说讲讲怎么了，好帮你出主意。

她讲起自己的事情来。她跟丈夫是老乡，结婚是在老家办的婚礼。丈夫的家在县城里，有独栋的院落，装修出一间新房，专门给他们结婚用。当时办婚礼很费了些周折，但一切还算圆满。她只知道自己的婚礼很热闹，也出了点麻烦，可怎么也没想到因为这婚礼，她毫不知情地得罪了嫂子。

结婚后不久，她的嫂子就开始给她难堪。她跟丈夫回来上班的前一天，公婆准备了丰盛的晚餐，大家坐在一起吃。当时婆婆心疼地给儿子夹菜，又给新媳妇夹了一筷子，嫂子就说话了："哎哟，还是疼小媳妇啊。我嫁过来这么多年，怎么就没见谁给我夹过菜。"她听了很尴尬，不知道怎么回应。丈夫的哥哥反应快，赶忙给她夹菜说："我给你夹啊。"嫂子瞪他一样，撇撇嘴说："我不稀罕。"然后继续吃饭。

　　晚饭后，她帮着婆婆收拾厨房，突然听到哥哥嫂子的房间里传来吵闹声。那嫂子尖声大喊："就是偏心，还不让我说？怎么我结婚的时候，就没精心装修房子？也没买新电视呢？都是媳妇，她不就在大城市工作吗，我也上班赚钱的，没见过你们这样欺负人。"

　　她尴尬极了，不知如何是好。婆婆劝她回自己的屋子去，然后跟大儿子一起去劝大儿媳。

　　经历了那一次，她很怕跟嫂子见面，不知道她怎么就这样不待见自己。每次回家，嫂子都不看她一眼，从不主动说话。如果她不问候，两个人可能那么几天都不搭一句话。这样对面不说话，让她觉得非常尴尬难受。跟丈夫抱怨起来，丈夫说嫂子以前没这么过分，也不知道怎么了。反正两个人不经常回家，就由她去吧。

　　第一年在他们家过年，她表现得很乖巧，帮着婆婆忙前忙后。一家人吃完晚饭后围着电视看春节联欢晚会，她去厨房切了水果拿进来，让大家吃。她顺手递给离自己最近的婆婆，婆婆一路传过去，最后传到嫂子手里，嫂子把盘子放在茶几上，就开始流眼泪。她这一哭，弄得全家人都莫名其妙，她丈夫问她怎么了，她抽噎着说："你们全家都瞧不起我，吃个水果都最后才让我拿……"

这都什么跟什么啊，群里立刻炸开了锅。有的说："你这嫂子怎么这样？这也多心？"有的说："这也太不靠谱了，有这样挑刺的么？"有的表示："家里有这样的嫂子，自己肯定也怕回去。"

可是她为什么就这样呢？我们追问起更深的原因来。她想了想，说："可能是有点嫉妒。"她听丈夫说在刚听到他们要结婚的消息时，嫂子也很兴奋，帮着家里出主意，做各种准备。可等到装修房子、买家具时，她就有些不满了，觉得家里人看重这场婚礼远远超过了当初对她。她又疑心弟妹的学历高、工作好，在公婆眼里，自然把她比下去了，这就更不开心了。结婚后，又说弟妹有些瞧不起她，还跟小叔子远远地躲在一边，得她照顾两个老人，心里就更不平衡了。

真是人们所说的：没有无缘无故的爱，也没有无缘无故的恨。她嫂子这样做，也是有原因的。可她不能因为嫂子就总不回家，一次两次也许好说，时间长了，公婆难免有意见，到时候也会影响到夫妻关系的。

她说自己也这样担忧，可就是不知道怎么解决好。

这种问题，说不好解决，是挺难。可要说好解决，也真有办法。心病需要心药医，她不满的可以稍微补偿她，她怀疑的，打消她的疑虑就好了。我们劝这位群友不妨给嫂子买点礼物，让她开心。一年见不到几次，每次回去都以好态度对她，时间长了，她也会改变的。一家人在一起的时候，也可以多跟嫂子说说话，让她觉得你并没有瞧不起她的意思。人与人之间的隔阂，只会随着冷漠而加深，不会随着时间的流逝而消失。与其等到日后问题严重再爆发，不如现在就采取一些行动，将矛盾提前化解。

我们劝慰了那个群友一通，她想了想，决定试一试，中秋节就回去跟嫂子好好沟通一下。

这种妯娌间意外的阻碍，还真是让人措手不及。但是问题出现了，就得去面对，去解决。在维护婚姻的幸福时，主动行动很必要。消解矛盾的根源，去除相互的猜疑，那么这些干扰到婚姻的各种因素就不会构成威胁。

多多体谅和忍让，生活在同一个屋檐下的人们，又有什么不能解决的矛盾呢？

朋友与家庭
孰轻孰重

在生活里，好与坏经常会是相对的，当你认为是好的东西，可能别人认为是坏；当你某个时候认为是好，可过了一段时间，却发现那不见得是好。婚姻里也会碰到这种情况，结婚时也许觉得爱他就因为有这样的优点，可结婚后，却发现这优点变成了缺点。

同事这样高深地向我论述时，我的脑袋一阵一阵发晕，不明白她究竟想说什么，于是问她有没有具体的事例进行说明。

她就把发小的故事向我娓娓道来，用以说明她的观点。

女孩是通过朋友认识她丈夫的。她性格娇柔，极具女性特质，而她的丈夫性格粗犷，很有男人气概。两个人一见之下，都有好感，觉得自己跟对方刚好是互补型的，一定会有美好的未来。

就那样恋爱了，她发现他朋友很多，而且很讲义气，有什么事都能替朋友出头。这样的男子气概现在可实在不多见，她觉得自己能碰上他，真是幸运。她家里人也很喜欢他，觉得他朋友多，重义气，一定会照顾好自己的女儿。

很幸福地结婚了，也幸福地建立了自己的小家庭，她没有要跟公公婆婆相处的麻烦，可没想到还是遭遇了影响婚姻的相处问题。

结婚后不久，她发现他曾经的优点，也就是重义气，对她而言渐渐地变成了缺点。他很热心，朋友有什么事，一个电话就能让他立刻出门。刚开始她忍受这种情况，觉得他帮朋友也没有什么。可有一次他出门后，总是不见回来。她打电话，发现他的手机居然关机。一个人在家里感到害怕，又担心他的情况，她真是焦虑不安。等到后半夜，他才进门，已经累得浑身无力，随便冲了个澡就睡了，跟她多说话的机会都没有。

第二天她才知道，有个朋友的母亲迷路了，找了大半夜才找到，手机就是在频繁联系中用完了电，所以她才打不通。这事虽不能说他有错，可这次之后，她开始对他如此热心感到不满。

她发现，因为他热心，从来不拒绝别人的请求，那些朋友们几乎什么事都请他帮忙，甚至连给电话充值也会先找他。也因为他热心、朋友多，经常有人喊他聚会，偶尔还会喝醉了。她越来越不满意，觉得他更看重自己的那帮朋友，而她这个老婆倒像是点缀，可有可无。

她怀孕时妊娠反应强烈，身体很弱，躺在床上什么都不想做，可这时候他还是朋友一叫就走，经常留下她一个人在家。她心情不好，又因为他太顾着那帮朋友，跟他吵过。可一吵架，他就烦，更是经常往外跑。

怀孕七八个月的时候，她生气挺着大肚子跑回娘家，哭着说跟他没法过下去了。可孩子都怀上了，家里人当然要劝和，让她别冲动，说将来生了孩子，他也许就收心了。

孩子出生后，她坐月子没法干活，他有所收心帮家里处理各种事情。那段时间，他们的感情基本恢复到刚结婚的时候。可等孩子大了以后，他就经不住朋友们的招呼，动不动就又跟朋友们混在了一起，有时是真的去帮忙，有时却是去玩乐。她没少跟他吵，但吵的结果是两个人的矛盾越来越大，最后闹到要离婚的地步。出了这样问题，她的父母跟她的公公婆婆一起出面，一大家人坐在一起讨论这件事。

听完他们各自的想法，老人们发现其实他俩对对方没有什么不满，矛盾的焦点在他跟朋友的关系上。他说她小心眼，经常没事找事跟他闹，他烦才去找朋友；她则说他心里只有朋友没有她，经常为了朋友的事丢下她不管，太不负责任。两个人各执一词，争执不下。

那最后究竟怎么样，他们离了还是和好了？我忍不住追问着。同事说："幸亏那次大家在一起把话说开了，他意识到自己跟朋友来往的确太密，而她也意识到自己以前表达不满的方式不当，才造成了两人婚姻的危机。后来他再跟朋友出去，都会对她说，如果是无足轻重的事，他也会把朋友的事推了，陪妻子、孩子；她不再跟他吵，把家里收拾得妥妥当当，把丈夫、孩子都照顾得很好。幸福的日子这才真正降临到他们的婚姻里。"

我们经常以为某个异性插足婚姻，成为拆散婚姻的第三者，岂不知现实里还存在各种各样的"第三者"，当这类原本无关婚姻的"第三者"影响婚姻时，危害可一点不比真正的第三者小。像过度干扰生活的朋友圈，就需要及时缩小，以免影响到婚姻。

婚姻不是两个人的事，又是两个人的事，这需要好好地把握和规范，才能让两个人的关系变得既紧密，又不脱离开现实。跟朋友们谈谈，夫妻双方也好好谈谈，婚姻总会在这各种关系里，变得好起来。

学会拒绝

生活里的各种关系错综复杂，谁也不知道自己究竟会在哪个关系网络上遇到问题。也许不是惊天动地的大问题，但可能就影响到你的生活和婚姻，让你烦恼不堪。当麻烦慢慢缠上来时，要学会谈谈心，要能把"不"字说出口。

一位朋友在金融行业工作，是个出色的高级白领。她结婚多年，与丈夫和公婆的关系很好。如今孩子上幼儿园，有爷爷奶奶照看，她可以全力以赴地投身工作。

原本很好的婚姻状态，却意想不到地遇上了麻烦。因为这位朋友为人太过友好，对别人的请求总不容易说"不"，尤其是来自亲戚朋友的请求。那一阵，她因为工作的事可以经常去香港。第一次去，她从香港带回来很多礼物，送给家里人。她觉得这本是应该的事，难得去一次，给家里带点礼物，大家都高兴。可她没想到，这最后会给她带来麻烦。

当时她送了小姑子一套化妆品，价格便宜，质量又好，小姑子高兴极了。过了几天，小姑子打电话给她说："嫂子，你啥时候还去香港？再去的话帮我带两套化妆品，我朋友要。"她磨不开面子，答应了。

给小姑子带了化妆品，婆婆又提请求了："你大姑姑听说你去香港方便，让你捎几样药。"说完还给了她一张写满药名的单子。她当时就头大，自己只是去那边办事，哪有时间去找这些药。婆婆又说："能捎几样是几样，反正你来回方便，能帮上这个忙。"她只好去了后又是找熟人打听，又是亲自跑了买回来。

药捎回来后，亲友们让她捎带的东西就开始五花八门，有的让帮忙买手机，有的让带个照相机，还有的让她捎金条。而且捎东西的人也从亲友扩展到公公婆婆的朋友那里，想来是公公婆婆跟人家说，自家媳妇能去香港捎东西，别人才有了这样的请求。

她招架不住了，有天晚上跟丈夫发牢骚："我是去那边工作，要开会，要见客户，哪里有时间去购物。你们这些亲戚可真够呛。"丈夫反而埋怨她："谁让你都答应下来呢？你不答应不就成了。"她生气："我不答应，你们还不得说我小气，连这点忙都不帮。"她想了想，让丈夫出面，去跟他那些亲友们说一说，不要再麻烦她捎东西了。可丈夫比她还情面软，死活不肯说，还担心拒绝了会得罪亲戚和朋友，大家再见面会很尴尬。那一晚，两个人破天荒地第一次吵架。她埋怨丈夫怯懦，连这个头都不敢替她出，忍心看着她为难；丈夫指责她太要强，面上什么都答应了，背地里又让他出面回绝。两个人吵着吵着，又拉出往常一些琐事，结果都生气不理对方了。

那次吵过后两个人好几天都消解不了心中的疙瘩，两个人的关系都受到了影响。恰好小姑子又打电话给她，让她捎个高档皮包。她不高兴地说这些东西商场里都有，干吗非要从香港买。小姑说："那边不是便宜嘛。反正你来回是公司掏钱，顺便的事。"

挂了电话她就满肚子不高兴。每次出差她都是带着任务去的，有时候忙完了就想回酒店好好休息，可为了这些不相干的捎带，她得额外花费时间和精力。再说这捎带还让她跟丈夫出现了隔阂，实在太烦人。当初的好意，谁能想到竟会变成今天的麻烦？

她思前想后，决定把这件事做个彻底了断。那次从香港回来后，她把皮包送给小姑子时，鼓起勇气说："以后不能给你捎东西了。现在去那边很忙，我抽不出时间逛商场，给你找东西。"她以为小姑子会生气，做好了一番辩说的准备，哪想到小姑子拿着包高兴地试了又试，顺嘴就答应："嗯，知道了。"

解决了小姑子，她趁吃晚饭的时候，在饭桌上发起牢骚，说自己飞去香港后很累，还得撑着处理工作上的事，然后直接对婆婆说："妈，以后人家托你让我捎东西，你就替我回绝了吧。我真的很忙，抽不出时间去购物。前几次都是托香港那边的同事买的，我们也不能老麻烦人家啊。"婆婆虽然脸上有些不高兴，但也答应了她。说过这话之后，这类捎东西的麻烦事还真就没有了。

重新回到平和状态的她长舒一口气，对丈夫感慨说："原来拒绝没有那么难。以前怎么就说不出嘴呢？"

跟丈夫需要感情上的交流，跟丈夫的家人、身边的亲戚朋友也需要。没有人能活在真空中，互相往来和帮助是正常的。然而一旦这种往来超越了界限，影响到正常的婚姻生活，就需要说"不"了。

很多时候，我们不敢说"不"字，是害怕伤感情，伤了对方的面子，尤其害怕跟爱人的亲朋有了芥蒂，会影响自己的婚姻。其实，不讲理的人并不多，只要坦诚跟对方交流，有理有据地维护自己的利益，表明自己的立场，就没有什么可担心的，反而是一味地迁就和忍让，会让家庭问题越来越多。

试想，都是讲理的人，正当地回绝，对方又怎么会心生隔阂。而如果对方不讲理，不理解，爱给别人添麻烦，那岂不是更应该坚决地说"不"，把麻烦杜绝在外？

　　所以，适时地说"不"，拒绝别人带给你的麻烦，也会让你们的婚姻更幸福。

父母的问题，不是选择题

　　曾有朋友说：婚姻，是两个家庭的较量，舞台上出现的是两个人，而幕后却隐藏着两个家庭。这话虽然有点过头，却也形象生动。多少人的婚姻，从缔结的那一刻开始，就不再是两个人的事，而成了众人之事，至少是两个原有家庭的事。

　　以前就听说过因为双方家庭而闹得不好的夫妻，如今却实实在在碰上了这样的事，事情发生在姑妈家的表妹身上。

　　表妹是独生女，迟迟不肯找对象，姑父跟姑妈着急得不得了。后来表妹认识了表妹夫，两个人各方面情况都相当，于是在大人的催促下，就结婚了。表妹夫是独生子，婚后表妹就跟妹夫一起住在婆家。原本大家的关系处得很好，小夫妻俩也恩恩爱爱，可结婚头一年过年的时候，两家出现了矛盾。矛盾的焦点是，小夫妻俩该去谁家吃年夜饭，过这个年。

　　表妹的公公婆婆当然坚持是在自己家，儿媳妇娶进门，是自家人，哪有还回娘家过年的道理。可表妹是独生女，大年夜丢下爸爸妈妈老两口独自过年，未免太冷清了。她的爸妈还真不习惯过年的时候孩子不在身边。

表妹心里记挂着自己的爸爸妈妈，当然想去他们那里，况且是自己的家，怎么样都舒服，不像在婆家，总有点心理束缚。她跟丈夫商量，说还是先去她娘家，大年初三再回来，一直待到上班。可丈夫不愿意，跟他父母一样观点，哪有大过年的在人家家里过的。两个人为这个小吵了几句，后来决定大年三十在丈夫家里过，初一就去表妹娘家。

年三十的晚上，表妹给爸爸妈妈打电话，说着说着就哭了起来，觉得爸爸妈妈好孤单，恨不得立刻就回去。这一哭，公公婆婆不高兴了，嘀咕着大过年的哭什么。第二天，表妹匆匆忙忙收拾东西，拿着早就买好的礼物要出门，她婆婆不说她，说自己儿子："今儿什么日子就出门？要去丈母娘家，也得等明天啊。这可是老传统。"表妹不高兴了，非要走，结果最后成了她一人先回娘家，丈夫第二天才去。

姑妈姑父听了女儿的叙述，觉得亲家母太过分，怎么能这样呢？现在都什么时代了，还死守传统。第二天女婿过来，他们和和气气地招待女婿吃饭，聊天，让女婿跟女儿多住两天再回去。下午，表妹夫就接到父母的电话，催他赶快回家。姑父姑妈忍不住数落亲家，说女儿辛辛苦苦养大了，过年都不能在自己家里多待几天。

双方拉锯战的结果是，表妹第二天跟丈夫回家，又面对婆婆的不满。从这以后，两家老人的心里就有了疙瘩，总明争暗斗，让晚辈更亲近自己一点，两个新婚夫妇被夹在中间。时间长了，两个人也为父母的事起了争执，都觉得是对方的父母过分，认为自己被无辜牵连。两个人越吵越扯不清，再加上其他生活方面的琐事，矛盾冲突就加剧了。

表妹经常回娘家，表妹夫开始还来接她，两个人分分合合，后来就干脆不来了。闹到最后两个人吵着要离婚，这下双方的父母都着急了。他们主动打电话联系对方，两家人加小夫妻凑在一起说这个事。可说的过程里双方老人又起了争执，小夫妻俩都不知道该向着谁说话。这种事就没有个绝对的你对我错，都是各让一步就能解决的，偏偏他们不肯让。

吵了两次后，小夫妻俩发现了问题所在，原来两边都是爱人的至亲，如果爱他（她），就该考虑老人们的感受，这样闹下去只会越闹越糟，还得他们俩同心合力出面调停才对。

经过这番认识和调整，他们俩又走到了一起，跟各自的父母好好交流，这才渐渐化解了双方家长的矛盾。

都是父母，都疼爱自己的孩子，作为孩子，也都爱父母。在这场没有任何恶意的关系里，却出现了敌对的状态，真是让人有些始料不及。然而冷静下来想一想，却也没有什么奇怪的。爱就是含有那么一些私心，就是不容易接受外来的干扰和阻挠，因此，在争夺爱的时候，谁都可能成为敌人。

处在双方父母的中间，最怕的是两个人先闹翻了，这会直接威胁到两人的婚姻。最好的办法当然是夫妻俩同心携手，共同应对双方父母，协调他们的关系才对。

处理好了与双方父母的关系，处理好背后两个家庭的关系，婚姻才会更幸福、更牢固。

CHAPTER

❤ 11

爱恨需要艺术，放手需要了悟

　　看似平淡的日常生活背后，可能会遭遇情感危机。可能是平淡的生活让人厌倦，还可能是红颜让他移情别恋。善变的是人心，也许还有人叫它背叛。爱恨之间，需要有艺术地面对，就像应对人生的各种波折一样，面对情感的波折，理性和智慧成为必须。

与其强求，
不如放手

很多励志故事告诉我们：要努力，要争取，努力争取了你才会得到你想要的东西。这当然没错，但我们也要明白，有些事，你再努力也不见得能达到自己的目的。感情和婚姻，尤其如此。

一位大学同学离婚了，刚听到这个消息时我们都很惊讶，唏嘘感慨，然而仔细回想她这场爱情与婚姻，又觉得这个结局也许是迟早的事。

她属于那种事事都很努力的人，事事都要求个结果，绝对不能输。她跟前夫在高中时开始恋爱，那是个最好别公开恋情的阶段，因此他们爱得隐秘又热烈。顶着重重压力，他们商量好考上大学就公开恋情。高考时她先考上了大学，他却落了榜。但是她没有放弃，鼓励他，帮助他，让他复读继续努力。第二年他如愿考上大学，但没能跟她在一个学校，而是进了城市另一端的一所理工学院。

不管怎样，两个人可以公开恋爱了。他们的学校相距很远，没法天天在一起，但有空就见面。她说那时候他真的很爱她，总对别人讲她有多好多好，多懂得关心他，他还会买了她喜欢吃的水果，大老远地专门给她送过去。可就在她大四那年，他喜欢上了同班的一个女生。她说那女生长得妖娆妩媚，很会勾引男人，就因为她勾引他，他才变心背叛了她。

我们无从知道他们之间的真正恩怨，只记得她那时为了保护爱情非常努力，甚至很拼命。她找到他们学校去，大闹一通，拉出他跟那个女生来三人对质，让他进行选择。她咄咄逼人地说如果他选择了那个女生，她就自杀不活了。面对她强势的逼迫，他拉起另一个女生走了，没把她的威胁当真。被气到失去理智的她真的就选择自杀。她跳进学校附近的一条河里，幸亏发现及时被救了上来。送进医院抢救后，她才知道自己怀孕了。

不屈不挠的她追问他怎么办。他让她打掉孩子，说他真的不想回头，不愿意再跟她在一起了。她坚决不肯，找到了他的家人，要求他们主持公道。为了维护家族的面子，家里人逼他结婚。被迫无奈下，他跟她举行了婚礼，但他的心却更加疏远了她。

结婚后，她回到老家工作，他继续完成自己的学业。孩子出生了，他以工作为由远远地避开，很少回家。她继续坚持着，想把他最终拉回来。就这样两地分居地过了两年，她才发现他又跟当年大学的那个恋人走到了一起。两个人已经同居很久，她丝毫都不知道。等她发现时，人家已经俨然一对夫妻了。她又是发疯一般地闹，要求他履行丈夫的责任，回到她和孩子的身边。

这一次，他的家人也帮不了她，她再怎么闹腾，他就是铁了心要离婚，要跟另一个女人在一起。她哭过、吵过，动手打过，甚至还以自杀威胁过，但一切都不起作用。折腾了一段时间后，她突然觉得很累很累，又看不到他回心转意的希望，就答应了离婚。

我们再见到她时，她很憔悴，面容苍老了许多。跟我们谈起自己的婚姻，好强的她痛苦迷惑：曾经那么爱她的人，怎么就是留不住呢？

有这样的疑问和感慨，她显然还没有明白，人是会变的，人的感情也会变。不管他是真的被勾引，还是主动移情别恋，总之他对她的爱已经消散，取而代之的是对第二个恋人的爱。她苦苦相逼强求到的只是他这个人，而不是那颗心，所以，一有机会，他的心就会带他离开，彻底地离开。

在爱恨面前，在情感危机面前，人都很容易丧失理智，陷入一种疯狂的状态，那就是不管怎样也要留住他，要让他继续爱我们。可是，这种疯狂的努力往往徒劳无功，最后可能浪费的只是自己的青春和生命。

这位大学同学在校时也有人追过，是一位颇受关注的女生。可她固执地选择了旧爱，选择了那个明确告诉她不想再跟她在一起的人。是骄傲或者好胜心让她作出这样的决定，还是她真的太爱他以至于无法接受失去他，我们无从判断，但从最终的结果来看，她的选择害了她。

与其强求，不如放手，让他离开。推开那个不爱自己的人，我们才可能遇见真爱自己的人。把青春时光浪费在一个不肯回头的人身上，不如把岁月留给自己，给自己一个寻找美好明天的机会。

失去他的爱并不可怕，失去他这个人其实也没什么，最关键的问题是，我们不能失去自我，不能因为他感情的变化就失去理智。不管是爱情，还是婚姻，都不要把全部的幸福押在对方的身上，要学会给自己留一条退路。这条退路就是永远不要放弃自己，永远不以对方为唯一的中心。我们要拿得起，放得下，爱得起，也放得了手。

不要追问为什么留不住他，要想一想我们怎样对得起自己的人生才对。

打一场不见
硝烟的保卫战

　　如今，很少有人只谈过一次恋爱，要说起对婚姻的威胁，那些昔日恋人，尤其是初恋可算得上一个很大的潜在威胁。如果自己的爱人跟旧日恋人旧梦重温，那可真是让人郁闷又窝火，好像我们成了那个多余的人一样。

　　不过聪明的人总能找到恰当的方法，让这个危险威胁不到自身。不是对爱人一味挖苦讽刺，也不是对他们的旧日恋情一味打击"追杀"，而是在恰当的时候掐灭他们重温旧梦的可能，摆明你的身份和地位。毕竟，昨日已经是过去，而现在，你才是他的爱人。

　　表姐新婚不久，就碰到了丈夫旧日情人重现的事。她属于大龄女，能找到表姐夫这样合心合意的丈夫实属不易。她很珍惜他们的感情和婚姻，也知道他曾经有过一段痛心的初恋。

　　初恋发生在大学时期，他跟同班的班花算得上郎才女貌，两个人很早就互生倾慕，加上同学们的撮合起哄，也就双双坠入情网。那段恋爱时光自然是美丽的，他们像所有青春恋人一样，把该浪漫的事都经历了一遍：第一次牵手的激动，第一次接吻的紧张，还有一起放孔明灯，一起旅游去看海。表姐说，她知道那些美丽时光他终生难忘，因为她懂初恋的感觉。

表姐夫跟初恋分手是因为家庭的问题，她是南方姑娘，而他是北方小伙，她的家人不愿意女儿远嫁，也不喜欢他这个北方小伙。面临毕业，又面临家庭的阻挠，他们分手了，尽管有很多无奈，但也没有多少痛不欲生的感觉。毕竟，毕业季也是分手季，大家都能接受这时候分手。

不过这段初恋还是给表姐夫造成了影响，他在此后的日子里，总忍不住拿身边的女生跟前女友相比，比来比去都觉得没有能超越她的。随着年龄渐长，家里催逼得越来越紧，他才渐渐明白自己应该忘了前女友，好好找个女朋友相处。经过几番相亲，直到碰到了我的表姐，他才算碰上了满意的人。

两个人热热闹闹地谈了半年恋爱，然后顺利走进婚姻，一切都非常顺利。可新婚没多久，那个昔日恋人鬼使神差地出现了。她因为工作的缘故，来到这个远离故乡的城市，以老同学的身份联系到了自己的初恋情人。

她还带着一个比较悲剧的经历。跟他分手后，她倒是很快找到新的恋人，并幸福结婚，可这个爱人不幸车祸去世，虽然没有孩子拖累，她还是备受打击。已经几年了，她渐渐走出亡夫的阴影，却还找不到新的爱人，只好把热情投注到工作上。

联系旧情人时，她以为他早就结婚，说不定家庭幸福，还有个可爱的孩子。她没有太多的想法，就是想在这个陌生的城市里，能有个熟人见见面，说说话，不至于太孤单。可是见了几次面，回忆起美好往昔，两人难免心情激荡。

表姐发现表姐夫聊天的频率增加，尤其是跟那个前女友，有事没事都会说几句，或者电话短信。她偷偷查看过内容，无非一些今天做了什么，吃了什么的话，或者是当年上学怎样怎样，看似没有丝毫的暧昧味道，可表姐还是担心了。这些温情的家常话难道不正是到了感情深厚的阶段才会有的吗？

这不就表明他们很可能会重温旧梦吗？表姐决定出手干预，将这无形的威胁彻底消除。

恰好表姐夫又有几个同学来，大家决定凑在一起吃个饭，表姐就跟了去。那天，她仔细收拾打扮了一番，着装不耀眼，但也透出干练的风采。饭桌上，她表现出对表姐夫的关爱，既亲切，又不那么矫情。她是有意做给他前女友看的，桌上的人也都明白，那位前女友明显有些落落寡合。

此后，表姐还坚持让表姐夫的旧日情人来家里吃饭，让她亲眼看到他们温暖的家。那天她亲自下厨，隆重地做了好几道菜，显出对客人的尊敬。饭桌上，她落落大方地谈起自己跟表姐夫的相识和相恋，还说到两人共同的经历和交往。她表达了对她的同情，又盛赞她漂亮能干，预祝她将来找到可心可意的丈夫。这样一来，她的主妇地位立刻鲜明而确定，而那个旧恋人也意识到自己才是人家现在生活的外人。

旧恋人退却了，表姐夫也从表姐的举动里觉察出她的目的。是啊，经过了这么多年，往昔再美也是往昔了，他怎么能刚刚新婚，就跟妻子闹离婚呢？况且，时光变迁，他跟昔日情人都已经不再是当年的两个人了。

一场潜在的危险就这样化险为夷，表姐现在已经稳固地维护了自己的地位和婚姻。那位昔日初恋最后成了他们夫妻俩人的朋友，后来她再婚时，他们还一起出席了她的婚礼。

很多问题其实没有想象的那么可怕，化解婚姻的问题需要的是智慧，而不是盲目的担忧。就像碰到爱人的昨日情人出现，不妨想想，时光流逝，他们之间已经有了各自经历的隔阂，不可能再像以往那样亲密。所以，你要做的就是加强和爱人的关系，而不是破坏、扯断这层关系。让他们无法忽视你的存在，让那曾经的恋情永远变成记忆，才是最聪明的做法。

当爱
敌不过青春

　　从古至今，最容易引起人们感叹的就是时光流逝，美人渐老，曾经动人的容颜一旦消逝，连爱情也可能会跟着消失。

　　在网上看到的这个故事，讲述者是一个年近四十的女性。她发出了一个帖子，感慨夫妻多年的患难之情，竟然敌不过一个十九岁的小姑娘。事情的经过是这样的。

　　她跟丈夫十五年前就认识，那时候他们在同一个学校读书。考上大学后大家还陆续有来往，但并没有恋爱。毕业后工作了，都忙着自己的事。机缘巧合，他们再次相遇，发现对方就是自己一直等待的另一个人。于是顺理成章地，他们开始了恋爱。那时候两个人都年轻，也很有一股子闯劲儿，就开始合伙做生意。两个人四处奔波，攒足了第一桶金开创了自己的小公司，一个主内，一个主外，合作得相当完美。公司逐渐发展，他们也结了婚，建立了家庭。

　　随着时间流逝，公司的业务逐渐稳定，他们也要了一个孩子。尽管两个人有时也会吵架，为家庭琐事争吵，或者为公司的某项决策争吵，但他们始终能相互妥协，促进公司发展，让家庭更稳定。

他们都习惯了对方，非常了解对方的脾气和个性。可以说，十五年的了解和磨合，让他们俨然成了不可分的一对。然而就在她觉得他离不了自己，而自己也离不了他的时候，一个小姑娘闯进了他们的生活。

那小姑娘是朋友介绍来打工的，高中毕业，不想再读书，就开始在社会上闯荡。她有着青春逼人的气息，也有着活泼热辣的个性。她的身上似乎永远洋溢着一种欢乐，那种因青春而骄人的欢乐。他被她迷住了，刚开始还能控制自己远离她，可渐渐地，他陷进爱的激情里。

小姑娘对这个事业有成的男人很有好感，一点都不避忌。她像所有陷入恋爱里的女孩子一样，热烈、执着，只想跟他在一起。他被她的热情感染，似乎找回了曾经青春激荡、热血澎湃的时期。他陪她出去旅游，给她买衣服、买各种礼物；她撒娇，她发痴，她耍各种小脾气，这让他觉得异常地新鲜刺激，爱她也爱得更疯狂。他的妻子，那个曾经跟他一路风雨走过来的人，就像个合伙人，而不像一个女人。在他的心里，妻子渐渐被淡忘，只剩下那十九岁的青春美丽。

她知道丈夫的这段婚外情后气得浑身乱颤。她抱着四岁的儿子痛哭流涕，孩子也吓得嗷嗷大哭。冷静下来的她不想伤害儿子，就跟他摊牌，要他回家，可是被新恋情迷惑的人不肯放弃爱情的诱惑。他要娶那个女孩，他不在意已有的儿子，因为那年轻女孩照样可以给他生孩子。

对这样的丈夫还能怎样呢？在朋友和家人的帮助下，她办理了离婚，孩子和住房归她，公司归他，但是他每个月要付抚养费。

没有了丈夫的家显得有些空，但她鼓起勇气，努力打点自己的生活。她见过那个年轻的情敌，一眼就看透她是个被眼前生活迷乱的小姑娘，还不懂得激情与婚姻的差别。她默默地等着丈夫回心专意，她觉得会有那么一天的。

多年在社会上打拼，她熟悉商场，精通做生意的一切。她跟朋友合伙做起了新买卖。刚离婚的时候，失去男人的家，得她扛着一切。好在她足够坚强，咬着牙挺了过来，日子渐渐过得平稳滋润。

她很少过问前夫的生活，间接听说他结了婚，娶了那个小姑娘，筑起了他们新的爱巢。两年过去了，她突然发现，自己已经没有等前夫回心转意的想法了，而是渴望有一个新家。就在她构建自己的新家时，一个老朋友传来前夫的消息：他被自己年轻的妻子搞得有点焦头烂额。

老朋友说他抱怨女孩子不会持家，不懂得好好打点每天的生活，就知道玩。他工作的时候，她出去逛街、请朋友去 KTV 唱歌，常常回家比他还晚；有时她又前后跟着他，妨碍他工作不算，回到家还得他照顾她。听完朋友的转述，她淡然一笑，说那是他的选择，他应该自己承担后果。

生活中，任何爱情如果变成婚姻，就得面对日常生活，就得协调夫妻双方的关系，这是任何一对夫妻都逃避不了的问题。因此，当一个连自己的患难之情都不珍惜的人，又何必在意呢。青春无敌，但青春短暂，没有人可以永远停留在青春里永不长大。

面对这种患难之情不敌青春逼人的情况时，不妨放手让他们去。时光和岁月会证明，他们最后面临的也还是普通日子，不会是永远闪闪发光的激情。

所以，任何时候都千万不要放弃自己，要保证自己的生活。爱情来也好，去也好，婚姻能保住也好，保不住也好，都要把握住自己生活的重心，这样才能在生活里永远挺立，不被打败。

学会
拉一把的艺术

　　有个客户琳姐打赢了这样一场婚姻的保卫战。那个插进她和丈夫之间的女人，是个强势的人，觉得她跟琳姐的丈夫好了，琳姐就该退出。她上门找琳姐，要她离婚，好成全她。对这样一个咄咄逼人的第三者，琳姐不卑不亢，不恼不火，以坚定而不可侵犯的尊严击退了她。

　　那个第三者跟琳姐的丈夫在一个公司上班，是个挺有能力，也会保持自己魅力的女人。她婚姻不幸，第一个丈夫有暴力倾向，因此干脆麻利地离了婚。离婚后一直独身，但她内心还是渴望再建立一个温馨的家，有个终身依靠。

　　在同一个公司上班，她跟琳姐的丈夫非常熟悉，两个人一来二去就有了些暧昧关系。一次公司聚会后，两个人成了名副其实的情人，后来经常偷偷见面约会，也发生了性关系。这一切琳姐都不知道，直到那一天，那个女人自己找上门来。

　　那天是周末，琳姐的丈夫带孩子出去玩，她一个人在家收拾家务。突然，有个自称丈夫同事的女人来找她，说跟她有些事要谈。琳姐热情地招待她坐下，还倒了茶水。那女人等琳姐坐下后，很不客气地说："我跟你丈夫真心相爱了，我们现在感情很深。他已经不爱你了，你应该跟他离婚，让我们在一起。"琳姐像被打了一棍子似的，懵了。她没想到自己的丈夫会背着自己出轨，更没想到这个第三者毫不避讳地来找她谈判。不是所有的第三者都偷偷摸摸，害怕人家爱人知道吗，怎么还有这样的女人？

她头晕目眩了片刻，低下头喝了口水。那女人还在喋喋不休地大谈特谈跟琳姐丈夫的感情，说什么他们的爱情才是真正的爱。琳姐气极而笑，忍不住说："是吗？那你们的爱情不必拿来给我说，我不管这种事。"对方愣住了，噎了好半天说不出话，许久才接着说："那你就该退出，成全我们的爱。"琳姐又笑着说："我退不退出，是我的事，跟你没关系。这个得我决定，不是你来决定的。你听清楚了，我们现在没有离婚，他还是我丈夫，我跟我丈夫的感情或婚姻问题，还轮不到你来插嘴。"被琳姐这么铿锵有力地一说，那女人立刻被镇住了，她不甘心地嘟囔："都不爱你了，你还拉着他，破坏别人的感情……"琳姐立刻站起来，请那女人出门："这是我的家，我不欢迎你，请你离开。你对我丈夫有什么要求，你去找他去谈，千万别来麻烦我！"

那女人气呼呼地走了，狠狠关上门的那一刻，琳姐气坏了。她放下正干的家务，一个人坐在屋子里，思考这个问题。她跟丈夫结婚快八年，孩子都五岁了，他怎么就出这样的事呢？可恶的是那女人居然还来指责她，她都不知道他们有了这样的龌龊事。

琳姐仔细回想丈夫的举动，他从来没有表现出对家庭的厌倦和不负责任，更没有向她透露过一丝一毫那女人的情况。那么，他不见得就对她没了任何感情。况且孩子这么小，两个人若是离婚，孩子怎么办呢？

开始想的时候，琳姐一会儿愤怒，想要彻底跟丈夫分手，一会儿又冷静地劝自己，不要轻易放弃这个家。这种时候，究竟是将他推出门，还是把他拉回来，成了让琳姐极其苦恼的问题。

苦恼归苦恼，可问题得解决。琳姐意识到要解决问题，还得从丈夫这里入手。问题是他造成的，当然得他来说清楚。想到这里，琳姐起身继续做家务，并且想好了怎么跟丈夫谈。

丈夫跟孩子回家了，琳姐像往常一样做好饭，陪他们高高兴兴吃了饭，又早早哄孩子上床睡了觉。忙完一切后，琳姐坐下来打断正看电视的丈夫。她说："今天来了个女人，说是你同事。她让我跟你离婚，因为她说她才是你的真爱。"

听了这话，琳姐的丈夫直接从沙发上坐直了身体。他换了个姿势掩饰自己的惊慌，说："你别听人乱说，我……"不等丈夫说完，琳姐接着说："我想了一下午，觉得这事不是我一个人能决定的，就像当初咱们结婚，不是一个人决定的一样。我想知道你究竟怎么想的，你还想跟我维持婚姻关系吗?"

丈夫沉默了。琳姐接着说："我先把我的观点和立场明确摆出来，你自己考虑一下。如果你真的爱她，要跟她在一起，我放弃，但孩子我不放弃，你付抚养费就成。如果你想继续维持这个家，那就跟她立刻断绝关系，我既往不咎。可你要想既维护这个家，又跟她继续来往，我是不答应的。"

那一晚，琳姐没有再多说，她希望自己能拉丈夫回来，因为她对他还有感情，不想放弃这个家。但她也下了决心，要是丈夫真的要离开，她就只能面对这个事实了。

琳姐成功了，她在紧要关头维护了自己的尊严，保住了自己的婚姻。那时候，她丈夫也做了一番权衡，最终选择了通情达理的妻子和可爱的儿子。

这样的结果似乎让人有些失望，好像男人的背叛没有受到惩罚，他的错误就这样被原谅了。可是在婚姻和感情里，过分的较真没有意义，只会伤害婚姻关系，而不是维护它的发展。如果你还爱自己的爱人，爱这个家，就应该及时拉他回家，而不是把他推出门外。

所以，必要时原谅他，拉他回家，这才是维护婚姻的真谛。

CHAPTER

♥ 12

我将与你为侣，共度人世沧桑

什么才是美满的婚姻，什么才是幸福的人生？也许，经历不同，心态不同的人会给出不同的答案，但是没有人会拒绝相扶而行、白头偕老的幸福。爱，可以惊天动地，刻骨铭心；婚姻，却只需要不离不弃，平淡如水，绵延不绝地流淌到生命尽头。

爱的历程

当经历了甜蜜而酸涩的初恋，经历了热烈而踏实的恋爱，步入婚姻的人总会觉得人生发生了转折性的变化。有些人觉得婚姻埋葬了自己的爱情，有些人却觉得婚姻给了爱情一个踏实的存身之处。

究竟是爱情自己变化了，还是婚姻改变了爱？也许，就像人有童年、青年和老年一样，爱也有自己的不同阶段？

是的，爱有自己的不同阶段，在不同的阶段会呈现不同的面貌。当爱情刚刚来临时，它让人激动，让人兴奋，让人体验到世间最动人心弦的美，体验到最深的失落和悲痛。渐渐地，爱会成熟，变得平实，让人有了牵挂，有了依靠。

当走进婚姻的殿堂，爱情又变出另一番模样。当两个人完全暴露在对方的生活里，没有伪饰，没有虚掩的时候，爱情也在悄然发生着变化。两个人会面对最真实的对方，会在彼此的熟悉中淡化了曾经的激情。然而深深的理解可以成为新的纽带，维系起两个人的感情。

接触过不同时期的爱人，刚刚结婚的，结婚多年的，还有走了一辈子的，发现他们对婚姻和爱都有自己不同的说辞。

新婚的表妹会很甜蜜，但说婚姻也没什么特别的，根本就是当初想象的那样。两张纸、一场婚礼，就得一辈子跟这个人在一起。现在，跟他在一起，真是没有任何激动的感觉。嘴里这样说，可一碰上妹夫不回家，她就会电话打不停，一定要追踪到本人不可。

也有结婚七八年的朋友，淡淡地说："现在觉得生活真是乏味无趣，跟他都不想多说话，也没话可说，还谈什么爱情呢？看来真是到了七年之痒的阶段。"然而，想过离婚吗？想过不再跟他继续走下去吗？没有，还真没有。因为就像一种习惯，他在你身边，你可能没有任何感觉，而一旦他离开，就会不舒服、不适应。

年龄再大点的，反而恩爱起来，总记挂着对方的饱暖冷饿，担心他的身体健康。这时候几乎没有人还考虑爱不爱的问题，那已经不需要他们思考和探讨了。当两个人走到了这一步，还有什么可以轻易拆散他们的呢？连接两个人的不再是漂浮的爱，而是紧密的亲情了。

这是一场不着痕迹的变化，很少有人能察觉心中的爱发生着这样的变化，他们只觉得曾经令他们热血沸腾的爱已经消散，取而代之的是平平常常的生活。蓦然发现这截然不同的面孔，难怪会感慨爱情已死。

然而，这实在只是爱情经历了不同的阶段而已。

无可否认，很多人的爱情最终没能经历这样的转变，停留在某个阶段，变成一种残缺，或许会让灵魂升华，但却可能是永远无法弥补的痛。人们会赞颂这种爱，却没有人愿意遇到这样的爱。圆满也许乏味，也许无趣，却始终比残缺的痛更抚慰人心。

在爱情的转换中，需要耐心，需要宽容，更需要彼此的信任。没有一份爱情可以轻易地就转换为亲情或者白头偕老的模样。现实中上演了各色各样的恩爱情仇，猜忌、怨恨、怀疑，甚至打击报复，让爱情可能来不及转换，就变成了丑恶的模样。就算踏上了转换的路途，也可能因为争吵、愤怒和种种问题分道扬镳，就此留下冷漠的结局。

所以，请珍惜来之不易的爱情，珍惜来之不易的相处。人生中的爱，如果不经历这些阶段，不经过这些变化，那么这场爱就永远是虚空。

婚姻是爱的结合模式，它是爱的延续和寄托。婚姻中的爱赋予了爱情更实质的内容。爱情让婚姻具有灵性，婚姻让爱具有更长久的生命。

晨曦中，两双大手牵拉的小手，是婚姻赋予爱情的全新生命；夕阳下，白发苍苍的夫妻相扶而行，是婚姻赋予爱的不离不弃。当爱情走完了它所有的历程，我们的生命也将变得饱满而踏实。

相伴"无聊"
也是幸福

有一首歌唱道："我能想到最浪漫的事，就是和你一起慢慢变老，等到我们老得哪儿也去不了，你还依然把我当成手心里的宝……"也许，爱情的极致就是一生一世的陪伴，甚至是无聊的陪伴。

最近姨妈总是给妈妈打电话，一开始聊就没完没了，有时候妈妈忙着继续做手头的活，很勉强地应答着，抓住个机会就挂了电话。

很奇怪姨妈怎么这么闲，她以前只是偶尔来电话，从来不会跟妈妈说这么多。随口问了一句，妈妈回答："你姨夫跟一帮老战友出去旅游了，就你姨妈在家，她闲得无聊，就各处打电话了，不光是给我，你舅舅也天天接到她的电话。"这是怎么回事，姨夫不就是出门几天嘛，姨妈至于天天打电话吗？妈妈说："她习惯你姨夫在身边了，这么突然一走，还好些天，当然觉得不舒服了。"

周末的时候，跟妈妈去姨妈家里玩，坐下来聊天时，她说起自己这几天的感受。

姨夫是那种不善言辞的人，不大爱说话，姨妈却是个非常爱说话的人，有了什么发现和想法，都会说出来，要不然就觉得难受。他们两个人的婚姻算是典型的互补型了。姨妈说，往常晚上看电视，看到有趣的地方，她就忍不住大笑或者评论，身边的姨夫偶尔"嗯"一声，存不存在好像没有两样。她一直不觉得这有什么不妥，这么多年，她早已习惯他的这个脾气了。可是，自从他跟战友走了后，她就发现不对劲了。晚上看电视时，也会笑，可就莫名其妙地觉得失落。原先在身边那个似有似无的人，一下子变得突出起来。没有他在，连看电视都变得索然无味。

姨妈感慨说："他在家的时候，我不觉得什么，有时还说有他跟没他一个样。可他一离开，我立刻觉得房子都空了。难怪人家说老来伴，老了就是要有个伴，两个人要做伴的。只要他坐在沙发旁，我干什么都安心。他一走，还真空落落地不舒服。"

妈妈开玩笑说："你以前不是觉得这日子很无聊嘛，说看见他就烦，还让他赶紧出去玩玩。这倒好，他去玩了，你不安生了。"

姨妈也笑了："我哪里知道会这样啊。早知道一个人在家里这么难受，我就跟他一起出去玩了。"

后来姨夫回家，来家里玩，他也笑话姨妈的反应。可是说到最后，他感慨说："其实我跟老战友们刚出去，是很开心的，大家好多年没有相聚，都很激动，又离开了家，去以前想去的地方玩，都很兴奋。可没过两天，大家都有些惦记家里的老太婆了，总觉得有她们在身边，才安心。后来几天大家都是匆匆忙忙转了景点，买了礼物，回家坐下来，一颗心才踏实。"

从来不曾觉得姨妈和姨夫是一对恩爱的夫妻，因为他们那么平常，从来没有过亲热的表示。然而，听他们说完这段分离小故事后，突然觉得这不就是爱，就是大多数人追求的婚姻幸福吗？

婚姻的幸福是什么？有人会说，幸福就是爱我的人和我爱的人在一起；是他一直爱我，为我做所有的事情；是他答应我所有的请求，给我所希望的一切。的确，这些可能都算一种幸福，但每天回家，和爱人坐在一起吃饭说笑，就算无聊地相互陪伴，不也是一种幸福？

　　婚姻幸福的答案很多，最最朴实而常见的就是这种"无聊"的相伴。这样相伴看似无聊，其实是爱和婚姻已经经历了种种变迁之后，已经不需要任何理由和解释，只需简单的相伴而已。

　　沐浴着温暖的阳光是幸福，呼吸着新鲜的空气是幸福，闻着醉人的花香是幸福，聆听着清脆的鸟鸣是幸福，感受着清风拂过脸庞的温柔也是幸福。当两个人静静相伴，经历这一切简单而美好的事情时，幸福的光辉就洒满了两个人的生命。

　　婚姻是陪伴，幸福是陪伴，最美好的婚姻就是相互陪伴着慢慢变老，即使哪里也去不了，那份甜蜜的陪伴也足以让人生美好。

爱的碎碎念

当两个陌生人相遇，碰撞出人们称之为"爱情"的火花时，生活会充满很多神奇的色彩。而当两个人坚定地走入婚姻后，神奇的颜色便褪去，留下的又会是惊人的琐碎和平淡。

曾经有个老朋友，跟丈夫谈恋爱受了些阻挠。那时候，我跟她是朋友，跟她的男友是老同学的关系。两个人的 QQ 号都加，偶尔会聊聊天，听他们诉说一下心中的烦恼。

她跟他是见过几次后才碰撞出爱的火花，一旦心底燃烧出爱情的火焰，也就不再彷徨与犹豫。她在家是乖女儿，一直很听父母的话，谈了男朋友，跟家里说过，还没决定把他带回家。可就在他们约会的一个周末，他们在街头偶遇了她的母亲。

这次偶遇太过突然，完全打破了她母亲心中对女婿的想象。她一直觉得女儿应该找一个瘦高白净的男孩，而不是这样一个个子不高、皮肤还有些黑的男人。因为心中巨大的落差，她母亲坚决反对她继续跟男朋友来往。她辩解过几句，可母亲还是不能接受，她只好眼泪汪汪地打算分手。

那些天，经常跟他们两个在 QQ 上聊。她说自己很难过，碰上这一个很合心意的男人实在不容易。她知道他相貌虽不出众，可也没到她妈妈无法接受的底线，只是那次相遇太突然，对妈妈的心理打击有些大而已。

他则说他很遗憾，竟然被这样的理由一票否决。他觉得能够碰上她也是自己的幸运，可竟然被逼着分手，真是伤心。

听完他们的故事，我有些无语，两个相爱的人竟然都不打算争取一下，就这样分手吗？我委婉地劝老同学别着急，给女孩的家人一个接受他的过程。也劝老朋友不要这么快就决定分手，毕竟母亲那里不是毫无通融的余地。

后来，在他们坚定的爱情面前，她的母亲接受了现实，同意了他们的交往。就像所有碰到挫折的爱情一样，他们因此而爱得更为执着和热烈。

结婚后，他们简直可以说恩爱到甜蜜，惹得身边无数的亲戚朋友羡慕。可是，结婚几年后，他们之间也出现了问题。她在 QQ 里开始抱怨丈夫不听她的话，丈夫说她太爱碎碎念了，整天念叨到他头大。每次说完这些，她都会感慨："我不念叨他，他还想让谁念叨啊。"

他是个粗心的男人，生活上有些粗糙，常常会忽略一些细节。因为这些细节，他得罪过亲友，也在工作上惹过麻烦。发现他有这样的问题后，她便忍不住时时念叨他，提醒他不要再那么粗心。

其实她的碎碎念很多次都帮他化解了不必要的矛盾，然而男人，特别是粗犷的男人，最不喜欢的就是有人在他身边不停地念叨。

他在 QQ 上说起她的变化，说起她的碎碎念，有些烦，却也表示能理解。因为他知道，她的碎碎念完全是因为爱他。

看来幸福的婚姻没有捷径，就算是两个曾经深爱的人，在踏入婚姻后，也得不断地磨炼和完善自己。就像发生在他们身上的碎碎念一样，两个人都必须作出让步和调整才行。

因为他们真的相爱，因为他们能走到一起并不容易，所以当他们两人之间有这样的冲突时，他们选择了及时调整。

劝朋友不要再事事念叨，选择那些必要而重要的再念叨；劝老同学多忍耐，毕竟她是一片真心和善意。

其实，在婚姻里，只要是包含着真心的付出，即使是碎碎念也会让人体味到其中的爱意。那些让婚姻濒临崩溃的大都不是爱的碎碎念，而是埋怨与指责，是对对方的控诉，甚至伤害。

想起父亲也曾埋怨母亲："你太爱唠叨了。"可每次母亲唠叨他添加衣服，或者出门小心时，他都会顺从地穿起衣服，点头答应着离开家门。

婚姻是琐碎的，日子是琐碎的，因此女人的念叨也是琐碎的。这时常挂在嘴上的念叨其实是爱的另一种表达。

幸福的婚姻拥有相处的智慧，需要双方不断的经营和维护。在相处中，两个人需要学习的是改变自己，适应对方，适应自己的婚姻。当婚姻里有人不停地碎碎念时，不妨告诉对方，你懂他的心，你知道他的关爱，而且你会以行动来接受他的规劝。只是，请他不要永无休止地碎碎念，请他相信你会变得更好。

同样，当你忍不住想要唠叨，想要重复再重复自己的想法时，先停顿一下，控制一下自己，看看是不是真的需要说。当你能够把自己的念叨变成适时的规劝和帮助时，它才会真正促进爱情和婚姻的稳固。

既然敢于面对阻碍爱情的各种力量，又怎么能轻易让生活里的碎碎念摧毁得之不易的婚姻呢？所以，赶快掌握婚姻里碎碎念的技巧和艺术吧，相信伴着美好碎碎念的婚姻会让两个人越走越密切，越走越无法分离。

两半残缺，拼接成完美

在这个世界上，没有一朵花是完美的，没有一片叶子是完美的，自然，也没有一个人是完美的。然而，这世界并不因为不完美，就变得让人失望。有时候正因为这些不完美，我们的世界才如此真实和可爱。

在爱情里，在婚姻中，不完美的人却可以创造完美的爱和婚姻。这就是人类感情的奇妙，是幸福存在的理由。

经常会想起小巷深处的一对夫妻，他们经营着一个小小的门面卖水果。男的身材、长相都很不错，只可惜一条腿有残疾，行动不是很方便；女的长相一般，矮矮胖胖没有任何风韵可言，做起事来却很麻利。他们的小水果摊每天开张，不管晴天还是雨天。晚上也许会回到他们住宿的地方，但白天他们基本都在店里，饭也是在店中简单地做。

在外人眼里，他们不过是一对生活艰辛的普通夫妻，没有什么特别的地方。可是，每当经过他们的小店，看到夫妻俩同心协力地搬东西，或者做好饭菜凑在一起吃，就觉得他们是幸福的、他们的心是踏实的。

那天，刚走到小巷附近下起了大雨，跟一个朋友躲在街边避雨，看到对面小水果店里的夫妻忙着收起露天摆的水果。男人行动不便，所有重点儿的体力活都是女人干，男人在小店内打下手帮忙。搬完了所有的水果后，女人坐在椅子上喘气，男人默默递上干毛巾，让她擦干脸上的水。

朋友突然就感慨："真感动哦，他们一定是幸福的夫妻。"我笑了，虽然觉得她真容易触景生情，发各种感慨，却不得不承认，这一幕的确显示出它的美，显示出那对夫妇间真诚而朴实的爱。

在这世间，似乎越有缺憾的人，越容易感到幸福、感到满足。就像这对夫妻一样，上天给了他们残缺的身体、不完美的外貌，却让他们拥有了所有人都可能拥有的幸福。也许正是人生中的各种不幸让他们懂得珍惜，懂得不要苛求。当心境变得宽容，幸福和完美就容易降临。

又想起一个完婚的朋友，经历过各种恋爱，容貌不俗又很有才华的她发誓要在茫茫人海中找到她完美的另一半。很多人都说她太高傲，其实她只不过不想迁就不完美的现实。屡经感情的挫折，后来她身心疲惫，感慨说上帝只造了她，忘了造她的另一半。

就在我们觉得她对爱情婚姻已经失望透顶，已经不会再爱的时候，她却迅速恋爱结婚了。她的丈夫完全不是想象中完美的模样，至少从长相上来看，那有些邋遢的样子就配不上她。我们聊到对他的不满时，她说："就是奇怪了，我知道他长相一般，也有些过于内向，如果放在以前，我就算心里有好感，也接受不了。看现在，我就是喜欢他，想跟他走到一起。"

她还像突然领悟了人生真谛似的，对我们说："我自己也有很多缺点啊，干吗还要挑剔他？你们知道吗，我跟他就像两把各有破损的椅子，但却可以拼出一把完整无缺的椅子一样。我们都接受了对方的不完美，这还不算完美的婚姻吗？"

她说得我们都笑了，说她就会给自己找种种理由。然而静下来想一想，还真是她所说的这样。她目前的婚姻很幸福，她淡忘了曾经在感情道路上受到的伤害。她跟他互相依赖，互相扶持，在他们的婚姻里继续做自己，又为对方作必要的改变。如今的朋友更多了幸福小女人的味道；她的丈夫在她的指点下，比以往看着干净利落很多。

　　现实中，多少幸福的婚姻里，都存在着一个不完美的丈夫和妻子，可他们接受对方，容纳对方，为对方撑起一片天空。在这天空下，两个不完美的人就成就了自己的幸福。

　　心理学认为，爱情是寻找完整自我的过程，你的另一半就是你潜意识的反映。当丘比特的箭射中你的心，你可能臣服在一个强壮的男人脚下，不能自拔，忽略了他可能的粗鲁和蛮横；你也可能对一个满腹才情的男人所倾倒，不顾及他苍白清瘦的外表。这些忽略掉对方缺点的现象，就因为他身上具有了你渴望的特质，而这种特质能够让你走向灵魂的完整。

　　所以，不管我们有着怎样的缺点，有着怎样的不足，都要勇敢地追求自己的幸福。爱他，就全心全意，刻骨铭心；嫁给他，就维护两个人的感情世界，完善两个人的世界。要相信，在这个世界里，每个人都可能走上相扶而行的幸福道路，走向不离不弃。

爱成亲情，
相伴一生

如果说爱情是一种纯度，友情是一种广度，那么亲情就是一种深度。爱情神秘无边，可以使歌者唱到忘情、唱到销魂，让心灵如同蓦然发现了光明一样；友情则浩荡宏大，可以随时抚慰疲惫的灵魂，成为心灵暂时停靠的堤岸；而亲情则是一种没有条件、不求回报的无私奉献，犹如永远沐浴在阳光之下。

爱情和亲情没有必然的联系，两者无法构成绝对的因果关系，但亲情是爱情的归宿之一，是爱的圆满阶段。在人类所有的情感中，只有亲情是靠血缘联系，却又超越血缘的纽带。亲情伟大，是因为它代表着最完美的付出，是将爱融入生命的结果。皈依了亲情的爱情，才能获得另一种继续生存的方式，才能将炽热滚烫的爱情转化为绵绵不绝的情义。不是所有的爱情都能走到亲情，但如果它走向了亲情，也就带着我们的人生走向幸福的终点。

作家安妮宝贝说，最好的爱情是两个人彼此做个伴。男女之间的爱情，可以是烈火干柴般的激烈碰撞，也可以是无尽相思的黯然销魂，但唯有长久相伴，相濡以沫的执子之手，与子偕老，才能让人最终心安、坦然，犹如漂泊的孤舟终于停靠在岸。

曾和几位老年人谈起他们的爱情和婚姻，尽管他们的故事各异，答案却惊人地相同。他们说，爱情对于他们早已变得平淡无奇，他们已经记不得当年那些缠绵悱恻和惊心动魄的感觉。但是，现在他们都没法离开自己的另一半。他们发现如今发自心底的不是狂热的渴望和欲念，而是深深的牵挂和依恋。他们早已懂得宽容和理解对方，懂得对方所有的生活习性和特点。这种相互依赖、相互扶持的日子，就是他们最最真实的爱情了。

　　年轻的时候，爱情尽管来得很浪漫，却难免矫情和造作，为明确对方的心意费尽揣摩的心思。可是现在，爱情变得很实在，就像每天都面对的柴米油盐一样，可触可感，不需要再去猜测、怀疑。也许这样的人生平淡无奇，但它让人熟悉、让人踏实，一点也不需要惊慌或紧张。经过了患得患失的爱情阶段，走进如此平和的美满人生，谁不觉得舒服和惬意，谁不觉得再也离不开，丢不掉这份亲情？

　　老人们说，不要认为爱情已经老化，已经从生命里消失，它们只是转换了一个形式，变化了一个模样而已。没有人能一辈子花前月下、卿卿我我，超脱于现实生活之上。所以，爱情只不过从浪漫激情变成了踏踏实实的模样而已。而这踏实的模样，就叫亲情。

　　作家龙应台曾说，原来爱情必须转化为亲情才能持久，但转化为亲情的爱情，犹如化入水杯中的冰块——它还是冰块吗？这个问题还真让人怅然若失。想一想，恋爱时漫步于花间小径，总是相拥相偎、如胶似漆；而现在，饭后的散步却一前一后，就像路人一样。但与路人不同的是，走快的那个总会停下来等一等，等另一个人走近自己。

　　虽然身边的距离拉开了，但心却已经磨合成了一体：你受了伤害，我会痛，我有了委屈，你落泪；你知道我的每一次脉动，我懂得你的每一次呼吸……

这就是变成水的爱情，这就是那失去冰块形态的爱。它不同样让人心动，让人眷恋吗？

　　小区里有对老夫妻，子女都建立了自己的小家庭，没有跟他们一起住。每天晚上，他们都会在花园附近转一转，有时还在健身器材旁锻炼身体。在他们回去的时候，因为路黑，老先生会牵住老太太的手，两人相偎着慢慢摸索着走。娇小的妻子紧挽着丈夫的手，就像靠在一棵结实的大树上一样。他们走得那样慢，但又那么坚定和淡然。好几次跟在他们身后，都忍不住满心感动。

　　这互相搀扶依偎的一段路，也许浓缩了他们一生的坎坷。这一路走来，不管是平坦的大道，还是泥泞崎岖的路，他们都不曾放弃对方，不曾分手。

　　曾跟他们简单地交谈，说："真羡慕你们这么恩爱幸福。"老先生仰头大笑，说："这有什么羡慕的，人不都要走到这一步？"

　　老太太却笑着说："你们年轻人可能会觉得我们这代人没有爱情，都是经朋友介绍或父母之命结的婚。我们是没有过现在年轻人的花前月下，也没有什么浪漫的交往，可我们踏踏实实地生活了。"

　　老先生补充说："你们年轻人，动不动就分手，就离婚，那怎么行？日子都得一天天过，人也是一天天才能完全了解的。现在我们谁也离不开谁，就是因为我们都彻底了解了对方。"

　　他们几乎不会对对方说一声"我爱你"，也不会给对方一个拥抱、一个热吻，可他们却把爱淋漓尽致地融进了琐碎生活里。早晨，那碗软硬适度的鸡蛋羹，那杯不加糖的豆浆，不也充满着浓浓的爱意吗？

　　人生追求圆满，婚姻追求圆满，爱情也需要一个圆满。当碰到了真爱的那个人，请一定跟他踏上走向完满的道路，把你们的爱情变成亲情。

　　漫漫人生，真爱难觅，真正的完美婚姻更不容易获得，因为它需要付出一生的耐心和包容。爱情需要浪漫和刺激，也需要细水长流，永远滋润两个人的心灵，而婚姻则是爱情细水长流的最佳天地。

就是这样，共同成长，相扶而行，你才得到圆满的爱情，获得最完美的婚姻。